Well-aging을 위한

훼이셜 트리트먼트

Facial Treatment

Well-aging을 위한
훼이셜 트리트먼트
Facial Treatment

2015년 2월 20일 1판 1쇄 인쇄
2015년 3월 5일 1판 1쇄 발행

지은이 | 이성옥 · 심은경 · 오수연 · 이순례 · 장윤선
펴낸이 | 김진환
펴낸곳 | 정담미디어 · (주) 학지사
121-838 서울특별시 마포구 양화로 15길 20 마인드월드빌딩
대표전화_ 02-330-5188 팩스_ 02-326-0338
등 록 | 2010년 2월 8일 제313-2010-36호
메 일 | jdmpub@jdmpub.com
홈페이지 | http://www.jdmpub.com

ISBN 978-89-6069-433-0 93590

가 격 | 22,000원

※ 정담미디어는 학지사의 자매회사입니다.

Well-aging을 위한

훼이셜 트리트먼트

Facial Treatment

이성옥 심은경 오수연 이순례 장윤선 공저

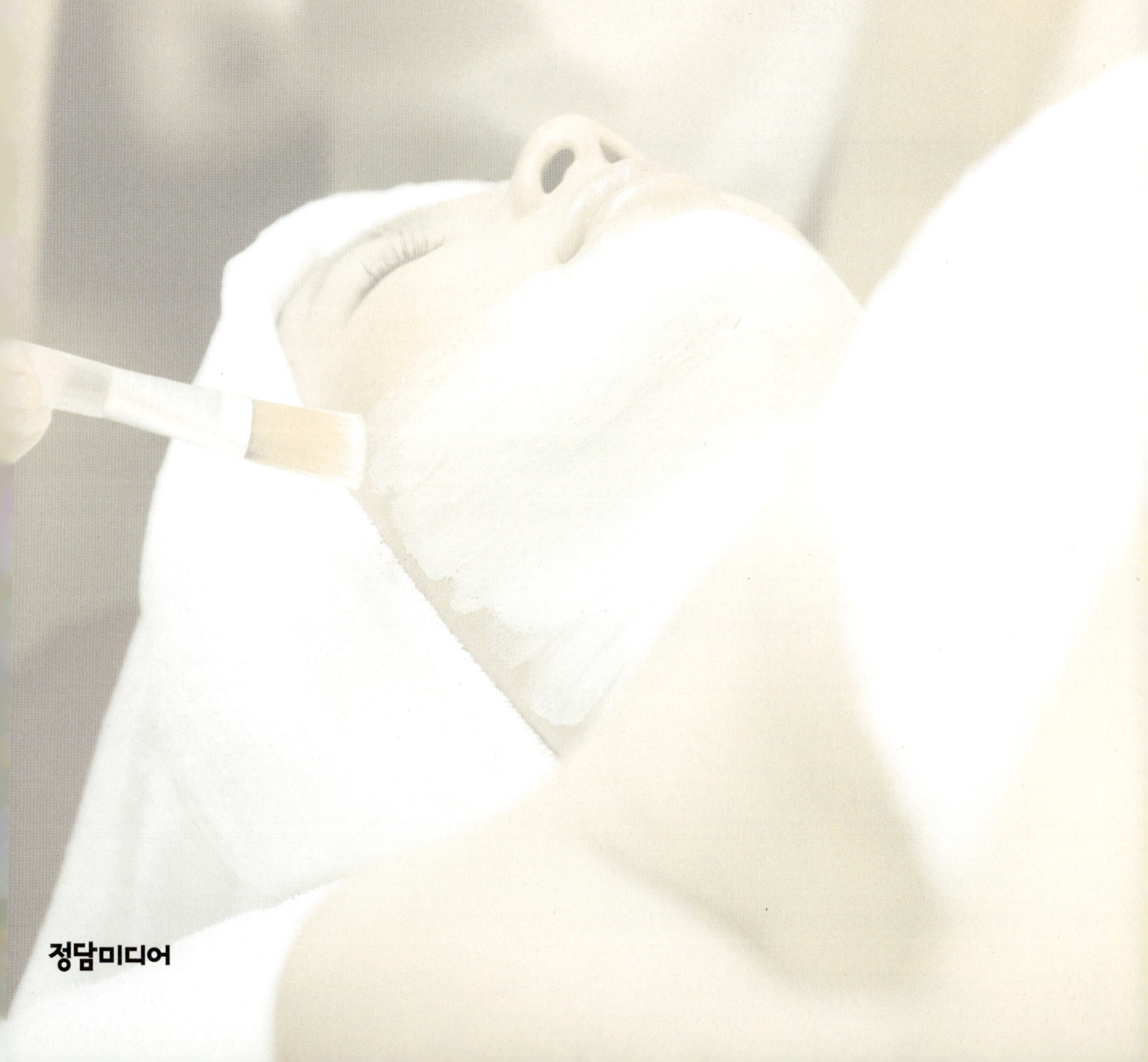

정담미디어

저자소개

이성옥 대동대학교

심은경 동명대학교

오수연 영산대학교

이순례 영산대학교

장윤선 동주대학교

머리말

피부미용은 실용학문의 한 분야로 다양한 분야와 연계성을 가지고 있으며, 이론과 실기를 동시에 교육해야 하는 특성을 가지고 있다. 이러한 교육적 특성에 발맞추어 국가직무능력표준(National Competency Standards, NCS)이 자격기본법으로 규정되었고, 산업현장에서 직무를 수행하기 위하여 요구되는 지식, 기술, 소양 등의 내용을 국가가 산업부문별 · 수준별로 체계화하였다. 이에 모든 산업현장에서의 직무를 수행하기 위한 교과과정은 NCS규정에 따라 교육을 하게 되었다.

훼이셜 트리트먼트는 얼굴관리 능력단위를 능력단위요소에 맞추어 얼굴관리 직무를 수행하기 위하여 체계적으로 구성하였으며, 이론적인 요소를 첨부하여 산업현장에서의 얼굴관리 직무를 수행함에 있어 부족함이 없도록 구성하고 정리하였다.

또한 학생뿐만 아니라 일반인들도 쉽게 이해할 수 있도록 사진과 일러스트를 많이 삽입하고 자세한 설명으로 누구나 얼굴관리를 따라할 수 있도록 저술하였다. 이는 안티에이징(Anti-aging)이라는 익숙한 말에서 느껴지는 거부감에서 벗어나 웰빙(Well-being)과 웰다잉(Well-dying)에 이어 웰에이징(Well-aging)이라는 개념에 걸맞게 건강하고 자연스럽게 나이 들 수 있고, 아름다움을 오래 유지할 수 있는 얼굴관리법을 제시하며, 학습의 이해도를 높여 실제적으로 빠른 습득이 가능하도록 하였다.

원고를 마무리하고 나서 살펴보니 미비하고 부족한 부분들이 없지 않지만 이러한 부분들은 계속적으로 수정 · 보완해 나갈 것을 약속드리며, 이 교재가 NCS의 얼굴관리 능력단위를 수행하는 데 도움이 되기를 바란다. 또한 아름답고 건강하게 나이 들기를 원하는 모든 분들에게 유용한 지침서가 되기를 바란다.

끝으로 교재를 만들기까지 애써주신 정담미디어 김진환 사장님과 임직원 여러분께 진심으로 감사드린다.

2015년 3월

저자 일동

차례

CHAPTER 3

피부의 이해

CHAPTER 4

클렌징

차례

CHAPTER 5

매뉴얼 테크닉

CHAPTER 6

팩과 마스크

CHAPTER 7

마무리

CHAPTER 8

피부 유형별 관리방법

CHAPTER 1

피부관리실 운영기본

1 피부관리 개요

2 피부관리실의 환경

3 기구, 기기, 비품관리

4 직원위생관리

1 피부관리 개요

단원별 핵심 포인트 및 교육목표

- 피부미용의 개념을 정리할 수 있다.
- 피부미용의 업무범위를 정의할 수 있다.
- 미용사(피부) 국가자격증 제도의 기준을 알 수 있다.

에스테틱(esthetic)이란 말은 약 200여년 전에 독일의 미학자 바움가르텐(Baumgarten)이 '미는 인간에게 만족과 쾌감을 주는 대상이며 보는 사람의 마음에 달려있다'라는 감성의 미학 차원에서 처음으로 사용하였다. 미용의 국어사전적 의미로서는 아름다운 얼굴이라는 미안(美顔)과의 동의어로 사용되기도 하며, 또한 얼굴이나 머리를 아름답게 매만지거나, 아름답게 보이기 위한 방법인 입욕 · 마사지 · 미용 체조 · 성형 수술 등의 의미로 사용되기도 한다.

생활수준의 향상과 다양한 과학분야의 발전은 대중의 라이프 스타일(life style)을 변화 발전시켜 왔으며, 이에 따라 미용산업의 발전도 국가선도산업의 대열에 끼일 만큼 성장해왔다. 미용업이라 함은 손님의 얼굴-머리-피부 등을 손질하여 손님의 외모를 아름답게 꾸미는 영업(공중위생관리법 제2조 5항)을 말하는 것으로 미용사면허의 세분화는 2008년도 1월 1일부터 미용업(일반), 미용업(피부), 미용업(종합)으로 분류되어 한국 산업인력공단에서 검정을 주관 관리해오고 있다. 미용업의 종별 업무범위는 표 1-1과 같다.

현대사회에서 여성들의 사회적 진출이 많아진 요즘 남녀노소를 막론하고 자신의 장점을 부각시키기 위한 필수요소로서 외모(外貌)를 가꾸는 것이 사치가 아닌 직장인의 기본요소가 되어가고 있다.

또한 외모의 개선이 급료수준에 미치는 영향을 연구한 Waters(1985)의 연구에 의하면 외모도 모든 직업의 고용과정에 중요한 영향을 주는 것으로 조사되어졌다. 또한 직업단계가 낮을수록 외모가 급료결정에 많은 영향을

표 1-1 미용업 종별 업무범위

미용업 분류	대상자	업무범위
해당법령	공중위생관리법 시행령 제4조 공중위생관리법 제6조 제1항 일정한 교육과정을 이수하였거나 국가기술자격법에 따른 미용사 자격증을 취득한 자만이 미용사 면허를 취득할 수 있다.	공중위생관리법 제8조 제1항 공중위생관리법 시행령 제4조 공중위생관리법 시행규칙 제14조 제2항
미용업(일반)	2008년 1월 1일 이후에 법 제6조 1항의 4호에 따라 미용업(일반) 자격을 취득한 자로서 미용사 면허를 받은 자	파마 · 머리카락 자르기 · 머리카락 모양내기 · 머리피부손질 · 머리카락염색 · 머리감기 · 손톱과 발톱의 손질 및 화장 · 의료기기나 의약품을 사용하지 아니 하는 눈썹손질 · 얼굴의 손질 및 화장을 행하는 영업
미용업(피부)	2008년 1월 1일 이후에 법 제6조 1항의 4호에 따라 미용업(피부) 자격을 취득한 자로서 미용사 면허를 받은 자	의료기기나 의약품을 사용하지 아니 하는 피부상태분석 · 피부관리 · 제모 · 눈썹손질을 행하는 영업
미용업(종합)	공중위생관리법제 6조 1항의 1~3호에 해당하는 자와 2007년 12월 31일 이전에 제4호에 따라 미용사 자격을 취득한 자	미용사(일반)과 미용사(피부)의 업무를 모두 행하는 영업

출처: 미용인을 위한 공중위생관리법, 임순녀, 송태임, 정찬이(2014), p47-49, 훈민사, 재인용

준다고 하였다. 이는 외모를 가꿈으로써 자신의 이미지를 관리하는 것은 사회적으로 업무상 개인의 능력으로 평가될 수 있다는 요즘의 세태를 반영하는 것이라 할 수 있다.

특히 피부미용에 대한 부분은 직장인의 면접-프리젠테이션 시에 첫인상을 좌우하는 중요한 요소로 인식되고 있다.

피부미용이란 얼굴 및 전신의 피부를 전문적인 지식을 동원하여 분석하고 피부미용사의 손과 화장품, 그리고 적용가능한 피부미용기기를 이용하여 관리하여 피부상태를 청결하고 아름답고 건강하게 유지 및 개선하는 것으로 정의하고 있다.

나라마다 피부미용의 용어가 다양하게 표현되는데 독일은 코스메틱(kosmetik), 미국은 스킨케어(skin care), 에스테틱(aesthetic)으로 불리우며 영국은 코스메틱(cosmetic), 프랑스는 에스테띠끄(esthetique, soin esthetique), 일본은 에스티(esty, soin esthetique, soin care), 우리나라는 피부관리, 피부미용(aesthetic, skin care)으로 불리우고 있다.

피부관리사는 에스테티션(esthetician)으로 불리우는데, 피부의 기능회복과 유지개선을 위해 다양한 피부과학적 이론을 바탕으로 접근하는 전문영역을 담당한다.

피부관리라 함은 다양한 과학적인 지식을 바탕으로 얼굴과 전신을 적절하게 자극하여 건강하고 아름다운 피부를 유지 · 개선시키는 것을 목적으로 하는 일련의 행위를 말한다. 아래의 표는 이와 같은 피부미용사 자격을 규정한 자격시험제도를 설명한 표이다.

표 1-2 한국의 미용사(피부) 자격시험제도

법	시행처	자격	직무범위	평가방법		평가내용 및 과목
공중위생관리법	고용노동부(한국산업인력공단 한국기술자격 검정원)	미용사(피부) esthetician	얼굴 및 전신의 피부를 아름답게 유지 · 보호 · 개선 관리하기 위하여 각 부위와 유형에 적절한 관리법과 기기 및 제품을 사용하여 피부미용을 수행	필기	객관형(4지택일형) 60점 이상 합격	피부미용학, 피부학 및 해부생리학, 피부미용기기학, 화장품학, 공중위생관리학
				실기	피부미용실무 60점 이상 합격	클렌징, 눈썹정리 및 피부분석, 손을 이용한 피부관리, 팩 및 마무리, 팔, 다리관리 및 제모, 림프드레니쥐

출처: 한국산업인력공단. 국가자격종목별 상세정보. http://www.q-net.or.kr. http://www.hrdkorea.or.kr

2 피부관리실의 환경

단원별 핵심 포인트 및 교육목표

- 관리실 내부를 정돈하여 안정감 있는 분위기를 꾸밀 수 있다.
- 환기, 조도 및 냉 · 난방시설을 갖추고 항상 점검하며 조절할 수 있다.
- 실내의 바닥은 청소하기 용이한 재질로 택하고 청소를 잘 할 수 있다.
- 소음을 방지할 방음시설을 갖추고 조용한 환경을 만들 수 있다.

관리실 내부 환경

안정된 분위기의 인테리어로 심신의 안정과 휴식을 취할 수 있는 시설을 설비한다. 너무 지나치게 화려하지 않고 고급스러우면서도 위생적, 전문적인 느낌이 들어야 한다. 고객이 관리를 받은 후 휴식을 할 수 있는 공간이 필요하며 파우더룸 등을 설치하고 고객의 프라이버시를 침해하지 않도록 스크린 등을 설치한다.

환기

- 항상 청결하고 상쾌한 공기의 흐름을 유지하며 필요시 아로마 향을 이용하여 이완되고 평온한 분위기를 조성한다.
- 감기에 걸리지 않도록 가습기를 설치하고 공기청정기를 틀어 놓는다.

조도

- 75lux(룩스) 이상으로 유지하며 편안함을 느낄 수 있도록 단계별 조절이 가능한 것으로 세팅한다.
- 실내조명은 피부진단과 분석이 가능한 직접조명과 피부관리 시에 편안한 분위기를 제공하는 간접조명을 구비해야 한다.
- 채광과 조명은 상담공간과 서비스공간을 달리하여 연출하고 출입구와 인포메이션은 자연채광으로 한다.

소음방지

- 피부관리실에서의 통화방지를 위한 안내문을 제시한다.
- 피부관리를 받는 동안 조용한 음악을 틀고 고객에게 관리에 대한 설명필요 유무를 사전에 체크한다. 고객의 성향에 맞게 응대한다.
- 관리사의 발자국 소리나 다른 손님들에 대한 응대소리가 너무 크게 들리지 않도록 방음재질로 바닥재를 선택한다.

냉난방시설

- 피부관리에 필요한 냉온수 사용이 편리해야 하며 단계별 온도조절이 가능한 냉난방시설을 완비한다.
- 피부관리실 전체와 다른 서비스 공간과의 냉난방시설은 분리하여 설치한다.

베드시트관리

- 세탁이 용이하고 청결함을 유지할 수 있도록 면소재의 베드시트를 준비하며 장시간 누워있는 경우 주름이 잡혀서 허리가 불편하지 않은 재질을 사용하도록 한다. 1인당 1회사용을 원칙으로 하며 모든 침구는 스팀세탁기로 살균할 수 있도록 한다.
- 오일을 사용하는 경우 비닐시트를 깔아서 관리가 쉽고 청결을 유지하도록 한다.

수건

- 1인 1회 사용하도록 하며, 관리사의 손을 닦을 수 있는 보조 타월을 웨건에 두고 관리사의 손에서 물기가 고객에게 느껴지지 않도록 주의한다. 수건에서 냄새가 나지 않고 피부에 거칠게 느껴지지 않도록 관리한다.
- 터번은 고객의 머리사이즈에 맞게 다양하게 준비하며 1인당 1회 사용을 원칙으로 한다.

담요 및 이불

- 적정온도로 체온을 유지할 수 있게 계절과 실내온도에 맞는 두께로 선택하며 보조적으로 전기장판을 사용하여 체온을 쾌적한 상태로 유지하도록 한다.

고객가운관리

- 기본적으로 타인이 사용한 냄새가 나지 않고 너무 칙칙하지 않은 밝은 파스텔 톤을 선택하여 감성적으로 편안한 느낌이 들 수 있는 패턴과 직조로 디자인한다.

고객관리를 위한 웨건세팅

- 웨건 위의 모든 기구를 닦고 트레이에 비치된 화장품의 용기 내용물의 양을 확인하여 부족한 것은 채워 넣는다.
- 해면은 위생적으로 세탁, 소독한 것을 관리직전에 물에 적셔 사용할 수 있도록 깨끗한 용기에 보관한다.

3 기구, 기기, 비품관리

단원별 핵심 포인트 및 교육목표

- 피부미용기구와 기기는 상태에 맞게 소독방법을 택하여 소독 보관할 수 있다.
- 전기를 이용하는 기기의 스위치의 ON-OFF상태를 항상 점검할 수 있다.
- 기구 및 비품은 항상 정리된 상태로 준비시킬 수 있다.

위생 및 작업을 위한 기구설비

- 자외선 소독기, 스팀 세탁기, 필요시 고압 멸균기와 기타 소독제를 구비한다.

피부미용기기의 필요성

- 피부관리의 효율성을 극대시키기 위해 사용한다.
- 화장품의 활성물질을 피부 깊숙이 침투시킨다.
- 관리 시 피부미용사의 체력소모를 감소시켜 능률을 향상한다.
- 피부미용사의 매뉴얼 테크닉과 기기의 병용에 따라 피부관리의 효과를 피부 심층부까지 전달할 수 있다.

1 피부미용기구와 기기는 상태에 맞게 소독방법을 택하여 소독 보관할 수 있다. 소독을 한 기구와 하지 않은 기구는 따로 분리할 수 있도록 각기 다른 용기에 넣어 보관한다.

① **에탄올 소독:** 에탄올 수용액 70%에 10분 이상 담가두거나, 에탄올을 묻힌 수건이나 거즈로 기구표면을 닦는다(예: 금속류 전극봉, 헤어클립, 손).

② **자외선 소독:** $1m^2$당 85μW(마이크로 와트) 이상의 자외선을 20분 이상 쐬어 준다. 컵, 유리, 플라스틱, 붓, 스파츌라, 스펀지는 세척 후 자외선 소독기에 보관한다.

③ **열탕소독:** 100cc 이상의 물속에 10분 이상 끓여준다. 타월, 족집게 및 핀셋, 특히 여드름 짜는 도구는 세척 후 열탕소독을 하거나 건열 멸균한다.

④ **증기소독:** 100° 이상의 습한 열에 20분 이상 쐬어준다(예: 스팀 타월).

⑤ **건열 멸균소독:** 100° 이상의 건조한 열에 20분 이상 쐬어준다.

⑥ **페놀(석탄산수 3~5%):** 10분 이상 담근 후 세척 후 건조, 색이 없어지고 냄새가 약하다(예: 청소도구).

⑦ **크레졸수(3%):** 피부에 자극이 있고 냄새가 나서 자주 사용하지 않는다(예: 실내마루, 개수대, 화장실 청소용).

⑧ **역성비누수(3%):** 무색무취(예: 스펀지, 핀셋, 흡입관).

⑨ **기타:** 관리용 베드, 정리대, 웨건, 사용물품도 사용전후에 70% 알코올 솜으로 닦는다.

⑩ 화장솜과 면봉을 고객의 얼굴에 사용할 때는 반드시 멸균처리된 것을 사용한다.

2 미용기기소독

- 미용기기는 평소에 사용하지 않는 경우에는 덮개를 씌워놓는다.
- 미용기기의 부속품은 세제를 녹인 미온수에 세척 후 70%의 알코올로 소독한 후 자외선 소독기에 보관한다.
  - **스티머:** 사용이 끝나면 바로 물통의 물을 버리고 씻어서 건조시킨다. 주 1회 정도 안까지 솔로 닦아준다(일반세제 사용금지). 하얗게 석회가 발생하면 물과 식초를 8:1 또는 12:1로 희석하여 세척한다.
  - **확대경 및 우드램프:** 사용전후에 70% 알코올 솜으로 닦은 후 사용한다.
  - **진동 브러시(프리마톨):** 브러시는 중성세제로 깨끗이 세척하고 털의 결을 바르게하고 건조시킨다. 건조 후 자외선 소독기로 소독후 용기 보관함에 넣어둔다.
  - **진공흡입기(베큠석션기):** 사용 후 벤토즈는 중성세제의 미지근한 물로 안까지 깨끗이 씻고 모양이 틀어지지 않게 평평한 곳에 두고 건조한다. 알코올로 닦아주거나 자외선 소독기에 소독가능하다.

3 전기사용자의 매뉴얼을 비치하고 과부하에 대비하여 항상 정품의 전기제품을 사용하도록 한다. 한 콘센트에 여러 전원을 연결시키지 않도록 하며 바닥에 물기가 남아있지 않도록 주의한다.

④ 기구와 비품의 보관담당책임자(정 & 부)를 정하여 상시 관리할 수 있도록 한다.

⑤ 온장고는 매일 선반 사이사이를 분리하여 세제로 세척하고 마른 걸레를 이용해 물기를 제거한 다음 다시 끼워놓는다.

⑥ 냉장고의 내부는 알코올이나 위생 세제를 묻혀 닦고 선반을 분리해서 청소 후 마른걸레로 닦고 다시 끼워놓는다.

⑦ 준비실의 모든 식기류와 관리도구들은 세제로 닦고 물기를 말려 놓아서 곰팡이가 생기지 않도록 한다. 바닥은 항상 깨끗하게 유지하며 얼룩이 생기지 않도록 청결함을 유지한다.

⑧ 파우더룸은 유리창과 거울전용 세제를 사용하여 닦고 헤어제품(브러시, 빗)에 이물질이 있는지 확인하며 진열 제품의 양이 적절한지 체크한다.

⑨ 고객 대기실은 정수기 및 컵관리, 쓰레기통의 위생상태를 점검하고 책꽂이의 책을 가지런히 정돈한다. TV나 오디오 등 음향기기의 소리 상태를 점검하고 인테리어소품의 먼지를 닦고 정리한다.

4 직원위생관리

단원별 핵심 포인트 및 교육목표

- 피부를 관리하는 사람으로서 깨끗한 위생복과 신발을 택하고 관리할 수 있다.
- 불필요한 장신구는 피하고 가벼운 화장을 하며 항상 예의있게 행동할 수 있다.
- 손톱은 짧게 하고 단정하게 머리를 정돈할 수 있다.
- 몸 냄새나 구취에 유의할 수 있다.
- 관리 시 고객과 20~30cm 정도 거리를 유지할 수 있다.

공중위생법을 적용한 행정사항

- **영업허가 조건:** 공중위생관리법에서 정한 영업의 신고란 영업을 하고자 하는 자가 그 영업에 필요한 일정한 요건을 구비하여 관할 관청(시청, 구청, 군청)에 신고하고 관청에서는 신고서의 기재사항, 구비서류, 기타법령 등에서 규정하는 요건에 적합한지 여부를 확인 후 신고증을 교부한다. 업장에는 반드시 미용업 신고증, 면허증 원본, 미용요금표를 제시하여야 한다.
- 미용업 영업신고를 하려는 자는 위생교육(공중위생관리법 및 관련법규, 소양교육(친절 및 청결에 관한 사항 등), 기술교육, 그밖에 공중위생에 관하여 필요한 내용을 교육받아야 한다. 천재지변, 본인의 질병 또는 사고 등 부득이한 사유로 미리 교육을 받을 수 없는 경우에는 영업신고를 한후 6개월 이내에 위생교육을 받을 수 있다.
- **위생교육 실시기관**
  - 미용업(일반) 및 미용업(종합):(사)대한미용사회 (http://www.beautyassn.or.kr)
  - 미용업(피부):(사)한국피부미용사회 (http://www.estheticassn.co.kr)

업무시작 전 복장 사전점검

- 항상 업무를 시작하기 전에 복장과 화장 상태를 점검하는 시간을 갖는다.
- 거울을 보고 고객을 응대할 때의 표정연습을 하며 인사하는 자세를 점검한다.
- 직원들 간의 상호 점검 시간을 갖고 매일 예약손님에 대한 정보를 공유하며 지정관리사의 스케줄을 조정한다.

① 피부관리사는 항상 복장을 청결하게 하고 관리에 불편함이 없도록 위생복을 착용하며 발가락을 보호하기 위해 앞부분이 막힌 흰색 신발을 선택하도록 한다.

② 업무에 지장을 줄 수 있는 팔지, 반지 등의 불필요한 액세서리는 피하며 최대 3개를 넘지 않도록 한다. 화장은 진하지 않도록 가벼운 화장을 하고, 고객을 충분히 에스코트하는 자세로 안내 및 응대한다.

③ 손톱은 짧게 깎고 깨끗하게 유지해야 하며 관리 시에 머리카락이 흘러내리지 않도록 검은색 핀과 머리 망으로 깔끔하게 정리한다.

④ 구취를 예방하기 위해 치과 건강검진을 철저히 하고 위생복과 마스크를 착용하여 체취를 예방한다. 고객 관리 시 20~30cm 거리를 유지하여 관리사의 콧김이 고객의 얼굴에 닿지 않도록 한다.

⑤ 얼룩 및 주름이 없이 깨끗하고 활동적인 복장으로 관리실의 이미지에 맞는 유니폼을 입고 명찰을 착용하여 전문가적인 태도를 지니도록 한다.

⑥ 향수는 진한 향을 피하고, 은은한 향으로 체취를 커버하도록 한다.

CHAPTER 2

피부관리 상담 및 피부분석

1 피부상담

2 피부분석

3 피부관리 계획

4 고객카드 작성

5 홈케어 조언하기

1 피부상담

단원별 핵심 포인트 및 교육목표

- 상담심리에 대한 지식을 바탕으로 고객이 자연스럽게 얘기할 수 있는 분위기를 조성하여 고객의 요구사항을 명확하게 파악할 수 있다.
- 질문 시 신뢰감을 얻도록 하고 고객의 심리, 성격, 지식에 대응하는 질문을 할 수 있다.
- 고객본인이 생각하는 피부문제와 관리사가 생각하는 피부문제가 다를 경우 그 차이를 설명할 수 있다.

상담의 정의

상담의 사전적인 정의는 문제를 해결하거나 궁금증을 풀기 위하여 서로 의논하는 것이다.

미용업계에서의 상담은 상담자와 단수 또는 복수의 내담자가 상호작용을 하며 상담이론을 바탕으로 내담자의 방문목적에 맞는 해답을 찾는 전문적인 과정이라고 볼 수 있다.

즉 고객이 상담자에게 편안한 분위기에서 자유롭게 자신의 생각과 의견, 요구사항을 이야기함으로써 스스로 결정하고 변화할 수 있도록 도와주는 일련의 과정이다.

고객과의 상담은 고객이 관리실을 느끼는 첫인상이 되며 피부관리 진행여부를 결정하는 가장 기본적이고 중요한 단계이다. 고객의 방문목적, 경비계획, 관리기간 등을 파악하고 추후 충성도 높은 고객으로의 영입을 위한 필수적인 단계로 상담자의 많은 경험과 전문적인 접근 방법이 필요하다.

상담의 구성요소

- 상담자: 유니폼, 커뮤니케이션 스킬, 전문적 지식
- 내담자(고객): 방문동기를 가지고 상담에 임하는 자세

■ 상담실 환경

- 아늑하고 편안한 환경, 가급적 조용하고 편안하게 상담할 수 있는 독립된 공간
- 기타 전문적인 인테리어, 직원들의 태도 또한 환경적인 요소로 작용
- 전문 브러셔 등 관리실 안내 책자

상담의 목적

■ 고객의 방문동기와 목적 확인

- 고객의 요구사항에 응하며 동시에 피부관리방법과 절차 등에 관하여 설명
- 고객의 성격과 피부관리실 방문동기에 대해 알 수 있음
- 고객에게 업체에 대한 신뢰감과 선택에 대한 확신 부여
- 피부관리상담: 일반적인 피부관리, 피부문제 개선, 개인의 이벤트에 맞는 관리(결혼, 면접 등), 정신적 이완과 스트레스 해소
- 화장품 구매 목적
- 주변 경쟁업체와의 가격과 프로그램 비교를 위한 방문

상담의 내용

상담 시 고객의 비밀보장(confidentiality)을 원칙으로 하며 이를 설명해준다.

■ 현재의 피부상태 및 피부환경 파악

- 직업, 성격, 스트레스 정도, 식습관, 건강상태, 약복용유무, 기존의 질환유무 등

■ 피부관리 계획수립

■ 계획된 피부관리 방법

■ 화장품 사용의 목적과 방법 및 홈케어 방법교육

- 고객이 생각하는 피부문제와 관리사가 생각하는 피부문제가 다를 경우
  - 그 차이를 논리적으로 설명하며 기분이 나쁘지 않도록 언쟁을 하지 말고 전문적인 지식을 동원하여 차트나 전문서적 등을 보여주면서 설명하여야 함
  - 대화단절 주의
- 상담 시 피해야 할 주제
  - 다른 고객의 사항, 사적인 사항, 다른 고객 및 경쟁업체에 대한 험담
  - 정치성향, 종교, 사회문제, 고객의 경제문제 등
- 상담 시 활용할 주제
  - 날씨, 취미, 음악, 휴가, 문화예술, 교육, 화장품 등 개인에게 국한되지 않은 일반적인 주제를 선정

상담의 효과

- 피부문제를 파악하여 효율적인 관리계획 수립
- 피부관리의 조언
- 전문적인 관리방법 안내 및 기대효과 설명
- 고객과의 신뢰감 형성
- 예견되는 관리 중간 단계의 상태 및 발생 가능한 문제점을 최소화

고객의 심리

- 고객은 관심받고 자기의 의견에 동조하기를 원함
- 고객은 존경받기를 원함
- 고객은 편안함을 느끼고 안전감을 느끼고 싶어함
- 고객은 자신의 요구가 받아들여지기 원함
- 고객은 환영을 받고 칭찬받고 싶어함

상담의 방법 및 단계

미용 상담자의 자세

- 고객의 원하는 바를 바로 이해할 수 있고 대처할 수 있는 전문가의 태도가 필요
- 상담자로서 필요한 체계적인 기술과 지식 구비
- 미용 상담자로서 자질: 고객에 대한 긍정적인 관심, 자신에 대한 내적인 연마, 창의적 사고

피부관리 상담의 절차

- 인사–상담준비–고객관리카드 작성–피부분석 및 상담–분석결과 판단 · 결정–피부관리법 제시–계약–사후관리로 분류
- 고객방문 응대 단계: 고객카드 작성, 방문동기 등의 기본 정보 파악
- 상담–피부분석: 피부문제 파악–원인분석–피부문제 진단–관리계획
- 관리단계: 관리프로그램 제시 및 스케줄링
  관리단계: 고객의 만족을 이끌어내어야 하는 단계
- 마무리단계: 홈케어 조언
  식생활습관 및 기호식품
  수면습관 등에 대한 조언
  재방문 일자 예약

2 피부분석

단원별 핵심 포인트 및 교육목표

- 고객의 직업, 식생활 습관, 기호식품, 생활환경 등이 피부문제와 관련되는 지식을 바탕으로 고객의 피부문제를 파악할 수 있다.
- 화장품 사용, 피부관리 습관 등의 피부환경을 파악하여 피부문제를 발생시킬 수 있는 변수를 파악할 수 있다.
- 일광노출상태와 일광예민상태를 파악하고 조언을 할 수 있다.
- 도구, 기기를 이용하여 피부를 분석할 수 있다.

피부분석을 위한 조건

- 고객의 피부는 세안 후에 그 상태를 체크해야 하며 피부관리사는 고객의 얼굴에 손을 대기 직전에 소독을 한다.
- 피부분석 시에는 항상 일정한 환경상황이 되어야 하며 실내온도는 18℃±2℃, 형광등 조명 아래에서 피부분석을 해야 한다.

피부분석방법

문진 – 견진 – 촉진 – 기기분석

- 문진: 고객에게 여러 가지 질문을 통하여 답을 얻는 것으로 피부분석과정에서 가장 기초적이며 중요하다. 고객의 첫방문시 고객카드작성과정에서 많이 이루어지며 1차 분석 시에 중요한 자료로 사용된다. 고객의 피부관리 이력, 약복용상태, 병력, 연령, 직업 등 피부에 영향을 미칠 수 있는 영향인자를 확인하고 점검하는 과정이다. 고객의 입장에서 쉽게 대답할 수 있도록 체계적이고 구체적으로 문의하며 병력, 연령, 직업 등의 질문을 통하여 피부상태를 살펴본다.
- 시진(견진): 문진 시에 눈으로 직접 보며 관찰하는 것으로 전문가의 오랜 경험에 의해 판단할 수 있으며, 보다 효과적인 판단을 위해 우드램프나 확대경을 통하여 피부상태를 파악할 수 있다. 유수분량, 민감 정도, 피부결과 모공의 크

기, 피부투명도, 색소 및 트러블 상태, 블랙헤드, 여드름, 모세혈관, 혈액순환 상태 등을 파악한다.

- **촉진**: 직접 만져보거나 스파츌라 또는 손으로 눌러보아서 느끼는 것으로 피부의 탄력성, 보습력, 예민상태, 조직의 두께, 민감도, 주름, 유수분량, 각질상태 등을 간접적으로 파악한다.

기기	특징	피부분석활용	기타
확대경 (magnifying lamp)	피부상태를 확대해서 분석	색소침착, 잔주름, 면포 등	약 3.5~5배 확대, 조명등 부착됨. 고객눈 보호를 위해 아이패드착용
피부분석기 (derma scope)	컴퓨터 모니터를 통해 특수 렌즈로 확대 관찰	피부결, 상태, 모발과 두피상태도 함께 관찰가능, 관리전후비교 저장 및 마케팅에 활용	약 80~200배 확대 가능하며 컴퓨터에 연결하여 모니터링 할 수 있음
우드램프 (wood lamp)	특수 자외선을 이용한 광학 피부분석기 • 스킨 스코프(Skin Scope): 전문가와 고객이 함께 볼 수 있는 우드램프로 동시에 피부상태를 보면서 상담 가능	피부 타입파악, 여드름, 염증, 색소침착, 수분상태, 피지, 민감도 등을 색상으로 파악 가능 • 오렌지: 지성피부, 피지, 면포, 지루성피부 • 청백색: 정상피부 • 흰색: 두꺼운 각질화피부 • 진보라: 민감성피부, 모세혈관 확장피부 • 연보라: 건성피부, 수분부족 피부 • 담황색: 산화된 피지, 흰여드름 • 노란색: 비립종 • 암갈색: 색소침착피부	세안 후 측정가능하며 동일한 환경(온도, 습도)아래에서 실시. 검은 천으로 가린 상태나 어두운 환경에서 측정
유 · 수분 · pH 측정기	스킨 스캐너를 통하여 점검(지방, pH, 수분사항)	피부표면의 수분, 유분, pH 정도를 파악분석함 수분측정시 온도는 20℃, 습도는 40~60%가 적당함 유분은 세안 2시간 이후에 측정하며 메이크업을 지운 상태여야 함 pH는 손등, 이마, 뺨, 상완부 등에서 검사하며 접촉시 수치가 표시됨	동일한 환경조건(온도, 습도) 아래에서 측정해야 함. 연구 등에 활용 가능

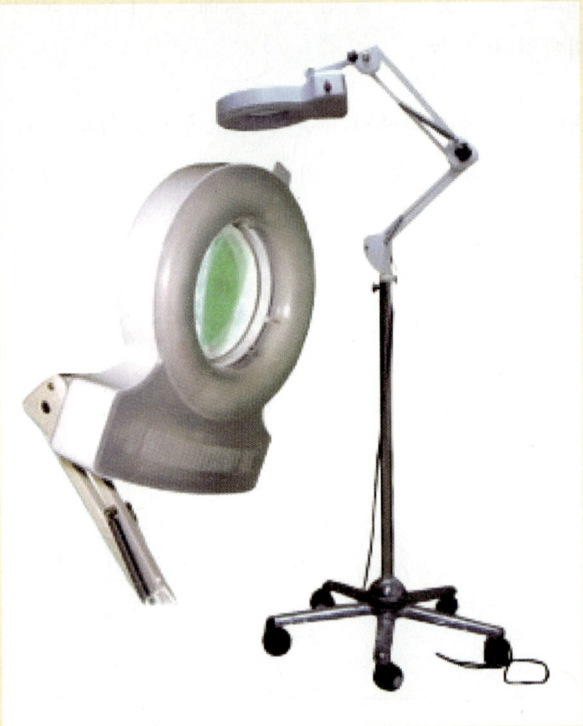

확대경

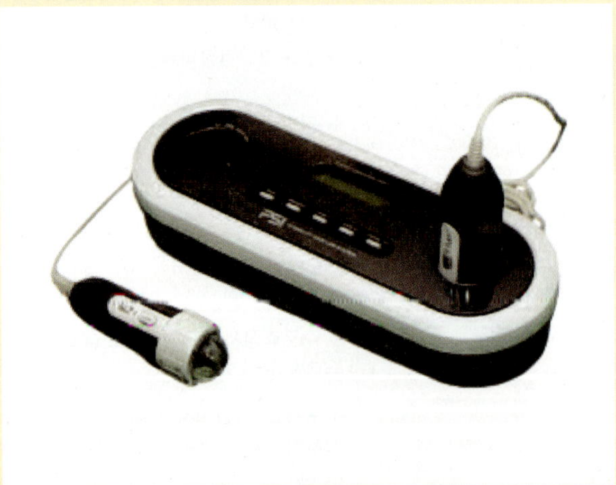

더마스코프

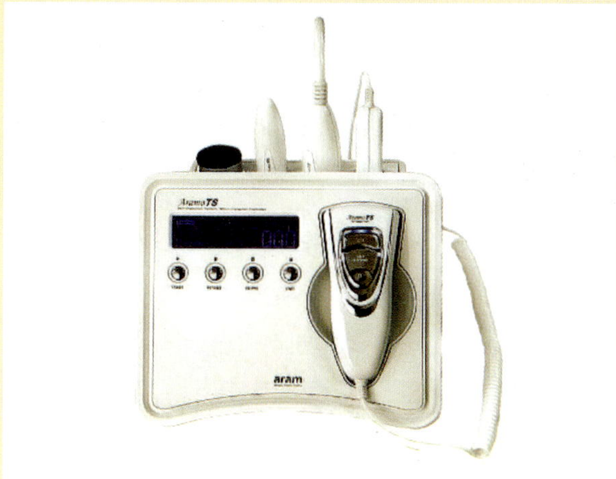

유수분 측정기

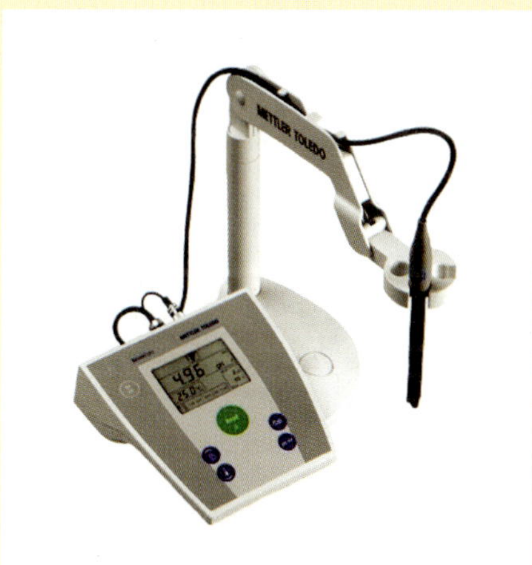

pH 측정기

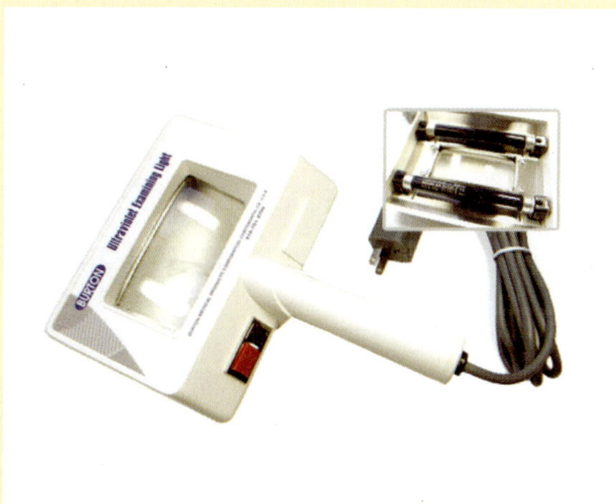

우드램프

- **기기분석**: 기기를 사용하여 육안으로 세밀히 보이지 않는 부분을 분석하는 것으로 좀 더 정확하고 세밀하게 분석이 가능하다. 확대경, 우드램프, 유수분 측정기, 피부 pH측정기 등을 통하여 분석한다.

- **패치테스트(patch test)**
  - 화장품의 알러지유무를 검사하는 것으로 겨드랑이에 가까운 팔안쪽의 부위, 손목이나 귀 뒤의 부위에 48~72시간 화장품을 약간 묻힌 테스트용 테이프를 붙여서 피부의 민감도를 파악한다.
  - 민감성(예민성) 정도 테스트: 스파츌라를 쇄골아래 가슴부위나 이마부위에 살짝 그은 후 5분 후의 피부변화 상태를 관찰한다.
  - 붉은 색은 정상이며 부어오를 경우는 민감한 피부이다.

피부분석의 목적 및 효과

- 피부를 구체적으로 정확하게 분석하여 피부타입에 따른 적절한 관리와 제품을 선택하여 효과적인 관리를 시행
- 사용하는 제품의 부작용 및 알러지 질환 등을 예방
- 홈케어 관리법, 전문관리의 필요성을 일깨워 규칙적인 방문 유도
- 고객에게 신뢰감을 주고 관리사는 자신감을 가짐

피부분석 유의사항

- 피부상태는 환경과 내적 · 외적요인에 따라 같은 유형이라도 다르게 분석될 수 있음
- 확대경과 우드램프 사용 시 눈을 보호하기 위해 아이패드를 사용
- 전문적인 클렌징이 끝난 후 일관성을 유지하기 위하여 가능한 같은 온도, 습도에서 피부분석
- 외관 관찰 시에도 개인의 피부톤을 감안하여 세심하게 분석

피부분석표

피부관리시의 가장 기본적이고 중요한 것은 정확한 피부유형 분석이다. 다음의 각 피부유형 특징을 살펴보고 효율적인 피부관리를 선택하도록 한다.

정상 피부

- 피부당김현상이 별로 없다.
- T-zone 부위에 모공이 약간 보인다.
- 혈액순환이 잘 되어 혈색이 건강해보이고 얼룩이나 모세혈관파열이 없다.
- 촉촉한 느낌이며 피지의 양이 정상이다.
- 예민 정도가 정상이며 피부의 결이 비교적 고운편이다.

	정상 피부의 특징	관리목적	관리방법
모공상태	작고 눈에 띄지 않음. 정상적으로 T-zone 부위는 약간 보임	청결 보습 보호	현재의 정상 상태유지 유수분 균형유지 청결유지
피부결	윤기있고 피부결이 고름		
주름	거의 주름이 없음(표정주름은 가능함)		
수분보유량	촉촉하며 수분상태가 적당		
유분보유량	유분상태가 적당(T-zone 부위는 약간 있음)		
탄력도	탄력적		
민감도	정상		
혈액순환상태	혈액순환이 좋고 더위와 추위에 정상 반응을 일으킴		
색소침착	색소침착이 없음(기미, 잡티, 주근깨 등)		
기타 특이사항	피부트러블이 없는 상태로 이상적인 피부상태, 계절에 따라 여름에는 약지성, 겨울에는 약건성으로 일시적으로 변할 수 있음		

건성 피부

- 대부분의 모공이 육안으로는 보이지 않는다.
- 피부결은 거칠어 보이고 피부색이 비교적 희다.
- 세안 후 피부당김이 있다(유분 부족).
- 잔주름이 보이며 탄력이 없다.
- 피부표면 수분부족형
  - 입과 코 주위에 특히 각질이 자주 발생한다.
  - 각질이 탈락되며 전반적으로 얼굴이 거칠어 보인다.
  - 민감한 증상이 나타나며 볼주위가 붉어지고 당기는 현상을 보인다.
- 피부진피 수분부족형
  - 잔주름이 발달한다.
  - 깊은 주름(눈, 입가, 목 등)이 깊어진다.
  - 탄력저하가 있고 색소침착도 생기기 쉽다.

	건성 피부의 특징	관리목적	관리방법
모공상태	T-zone 포함 얼굴 전체의 모공이 보이지 않음	유수분 공급 탄력관리	적절한 보습상태 유지
피부결	거친 느낌. 윤기가 없음	피부장벽 보호 기능 회복	뜨거운 타월이나 물을 사용하지 않을 것 단백질, 비타민보충 등 균형있는 영양식을 공급 지나친 세정제 사용 금할 것
주름	미세 잔주름이 많음(입가, 피부표면)		
수분보유량	건조함		
유분보유량	유분이 부족, 푸석푸석한 느낌		
탄력도	보통이거나 나쁨, 노화가 쉬움		
민감도	예민함		
혈액순환상태	얼굴이 까칠한 느낌		
색소침착	대체로 흰 피부, 피부가 얇아보임		
기타 특이사항	외부자극에 쉽게 약해짐, 각질이 쉽게 생김 건조증으로 인한 가려움증 발생		

지성 피부

- 피지선의 활동이 활발하여 얼굴이 번들거린다.
- 화장이 쉽게 지워진다.
- 모공이 넓고 피부가 두껍게 느껴지며 안색이 칙칙하다.
- 가끔씩 피부트러블상태가 관찰된다.

	지성 피부의 특징	관리목적	관리방법
모공상태	모공이 크고 얼굴 전체에서 관찰 가능	피부의 유수분 균형 두꺼운 각질 제거 피지분비 조절	청결과 보습을 동시에 제공 피부트러블완화
피부결	피부표면이 대체로 울퉁불퉁하며 번들거림. 각질층이 두껍고 칙칙함		
주름	대체로 주름이 또래 연령대에 비해 적은 편 (표정주름 예외)		
수분보유량	좋음		
유분보유량	유분이 과다		
탄력도	나쁘거나 보통		
민감도	보통		
혈액순환상태	얼굴색이 전반적으로 붉거나 칙칙함		
색소침착	대체로 칙칙한 피부. 피부가 두꺼워 보임		
기타 특이사항	외부자극에 쉽게 약해짐, 피부트러블상태를 보임. 블랙헤드, 스트레스 및 사춘기호르몬 영향으로 여드름 발생 가능		

복합성 피부

- 부위에 따라 피지분비량이 달라서 2가지 이상의 피부상태가 공존한다.
- 대체로 T-zone 은 지성, 나머지 부위는 건성의 유형을 나타낸다.
- 피부에 맞는 기초화장품의 선택이 어렵다.
- 화장이 얼룩지며 쉽게 지워진다.
- 눈가 등 건성인 부위에 주름이 생긴다.
- 대체로 중년 이후 후천적으로 발생한다.

	복합성 피부의 특징	관리목적	관리방법
모공상태	T-zone: 모공이 큼 U-zone: 모공의 사이즈가 작음	부위별 피부의 유수분 균형 충분한 보습관리 피부트러블관리	청결과 보습을 동시에 제공 피부트러블 완화 부위별 제품을 선정하여 관리
피부결	피부표면이 얼굴 부위별로 다르며 일정하지가 않음		
주름	T-zone: 대체로 주름이 또래 연령대에 비해 적은 편임(표정주름 예외) U-zone: 미세잔주름 가능		
수분보유량	T-zone: 좋음 U-zone: 부족, 정상피부보다 각질화		
유분보유량	T-zone: 유분 과다 U-zone: 유분 부족		
탄력도	T-zone: 보통 U-zone: 낮음		
민감도	T-zone: 보통이거나 낮음 U-zone: 민감		
혈액순환상태	볼과 코의 피부는 모세혈관이 확장될 수 있음		
색소침착	대체로 피부톤이 균일하지 않음. 울긋불긋할 수 있으면 트러블 부위에 색소침착		
기타 특이사항	외부자극에 쉽게 약해짐(볼), 피부트러블 상태를 보임. 블랙헤드, 지성과 건성 피부의 성향을 다 보임		

민감성(예민) 피부

- 모공이 거의 보이지 않으며 피부조직이 섬세하고 얇다.
- 일반피부에 비하여 외부환경에 민감하게 반응한다(열, 냉, 먼지, 기후, 먼지 등)
- 투명한 피부색을 보이며 피부건조가 쉽게 생기며 당김이 있다.
- 자외선 자극으로 색소침착, 조기노화, 피부염이 생기기 쉽다.
- 약품이나 화장품에 대한 부작용발생이 쉽다.
- 모세혈관이 드러나 보이기도 한다.

	민감성 피부의 특징	관리목적	관리방법
모공상태	전체적으로 모공이 보이지 않음	유수분 공급 피부장벽 보호 기능 회복 진정 및 보호 세포재생 각질층 보호	적절한 진정 및 보습상태유지 뜨거운 타월이나 물을 사용하지 않을 것 지나친 세정제 사용을 금할 것 마찰을 최소화
피부결	거친느낌. 윤기가 없음. 당김		
주름	미세 잔주름이 많음(입가, 피부표면)		
수분보유량	건조함		
유분보유량	유분이 부족		
탄력도	보통이거나 나쁨, 조기노화 가능		
민감도	매우 예민		
혈액순환상태	얼굴이 까칠한 느낌, 접촉부위에 홍반. 얇고 투명한 느낌		
색소침착	색소침착 가능함, 얼룩		
유발요인	만성소화기 이상, 스트레스, 내성적인 성격, 생리전, 임신, 갱년기, 화장품 원료, 자외선, 세균감염, 강한 알칼리세정제, 다한증, 화농성 여드름 후유증, 자외선, 먼지, 꽃가루, 술, 담배, 자극적이고 뜨거운 음식, 반복적 필링 등 피부시술 등		
기타 특이사항	외부자극에 쉽게 약해짐, 각질이 쉽게 생김 통증과 가려움증 유발 가능		

여드름 피부

- 남성호르몬(테스토스테론, 안드로젠)에 의해 영향을 받으며 모낭과 피지선의 만성염증성 질환이다.
- 면포, 구진, 농포, 결절, 낭종 등의 형태로 발생하며 약 83%가 유전경향을 갖는다.
- 과도한 피지분비와 모낭의 과각화, 피지선의 막힘, 여드름균(Propioni bacterium) 활성화 등으로 염증이 발생된다.
- 감염부위에 통증이 있고 흉터가 남을 수 있으므로 관리를 잘 해야 한다.
- 피부가 알칼리성이므로 약산성의 세제 또는 여드름 전용 비누를 사용한다.

	여드름 피부의 특징	관리목적	관리방법
모공상태	모공이 크고 얼굴 전체에서 관찰 가능	피부의 유수분 균형 두꺼운 각질 제거 피지분비 조절	청결과 보습을 동시에 제공 피부트러블완화: 여드름 단계에 따라 관리 두꺼운 색조화장은 피함
여드름의 종류	1등급: 블랙헤드, 화이트헤드가 부분분포		
	2등급: 블랙헤드, 화이트헤드가 전체 분포		
	3등급: 구진, 농포, 결절, 화이트헤드 및 블랙헤드가 전체적으로 분포		
	4등급: 결절, 구진, 낭포, 화이트헤드, 블랙헤드가 전체적으로 분포		
	기타: 목, 가슴, 등 부위에 나는 화농성 여드름		
피부결	피부표면이 대체로 울퉁불퉁하며 번들거림 각질층이 두껍고 칙칙함		
유분보유량	유분이 과다		
민감도	보통이거나 나쁨		
혈액순환상태	얼굴색이 전반적으로 붉거나 칙칙함		
색소침착	대체로 칙칙한 피부임. 피부가 두꺼워 보임		
악화요인	스트레스, 생리주기, 남성호르몬, 약의 부작용, 피임약, 임신, 자외선, 계절의 변화, 압력, 마찰, 화장품, 수면부족, 음식 등		
기타 특이사항	외부자극에 쉽게 약해짐, 스트레스로 인하여 성인기 및 사춘기에 호르몬 영향으로 여드름 발생		

모세혈관확장 피부

- 피부가 붉어지면 피부표면 온도가 올라가 있고 혈관확장이 보인다.
- 주로 코, 뺨, 콧망울 주위의 피부에 실핏줄이 보인다.
- 자외선, 바람, 냉온 등 온도 변화에 민감하며 쉽게 피부가 붉어진다.
- 여드름 관리 후, 화농피부 시술 후에 생기기 쉽다.

	모세혈관확장 피부의 특징	관리목적	관리방법
모세혈관확장 피부 유형	홍반: 과민성으로 인하여 뺨이 수시로 붉어지며 스트레스, 온도의 변화, 감정의 변화에 따라 생김	유수분 공급 피부장벽 보호기능 회복 진정 및 보호 세포재생 각질층 보호	적절한 진정 및 보습상태 유지 뜨거운 타월이나 물을 사용하지 않을 것 지나친 세정제 사용 금할 것 마찰을 최소화
	모세혈관 확장: 홍반이 진행되어 계속적으로 작은 모세혈관이 육안으로 보임		
	모세혈관파열(쿠퍼로스): 주로 뺨에서 방사형의 모세혈관이 관찰됨		
피부결	거친느낌. 윤기가 없음.		
민감도	매우 예민함		
혈액순환상태	매우 얇아보이고 약해보임, 핑크빛		
악화요인	스트레스, 정서불안, 임신, 경구피임제, 스테로이드 장기복용 및 도포, 수술 후나 외상, 바람, 강한 자외선, 사우나, 심한 일교차, 담배, 자극적 음식, 알콜, 지나친 각질 제거, 물리적 자극, 급격한 온도 변화, 유전적소인, 갱년기, 비타민 결핍 등		
기타 특이사항	외부자극에 쉽게 약해짐, 각질이 쉽게 생김. 예민상태가 됨		

색소침착 피부

- 자외선의 영향에 의하여 발생하는 것이 가장 흔하다.
- 봄, 여름철에 더욱 심하게 나타난다.
- 대체로 광노화, 연령노화에 의하여 나타난다.
- 기미, 주근깨, 흑자, 오타씨모반, 색소성화장품 피부염, 릴흑피증 등이 있다.
- 화농성 여드름부위와 기타 염증반응 후에 색소침착이 생길 수 있다.

	색소침착 피부의 특징	관리목적	관리방법
색소침착의 종류	과색소침착: 기미, 주근깨, 갈색반점	피부의 유수분 균형 진정, 보습, 재생 관리 미백을 위한 활성성분 사용 (하이드로퀴논, 알부틴, 비타민C, 레틴산, 감초 비타민E 등 항산화제)	청결과 보습을 동시에 제공 피부색소완화
	저색소침착: 백색증, 백반증		
민감도	보통이거나 나쁨		
혈액순환상태	얼굴색이 전반적으로 얼룩지고 칙칙함		
색소침착	부분 또는 전체로 칙칙한 피부 피부가 두꺼워 보임		
악화요인	강한 자외선, 스트레스, 임신, 호르몬장애, 간장애, 피임약복용, 난소기능저하, 갑상선기능 항진 등		
기타 특이사항	외부자극에 쉽게 약해짐, 침착부위가 진해지고 연해지는 것이 반복적으로 나타남		

노화 피부

- 인체의 노화의 진행에 따라 나타나는 피부유형으로 내인성 노화(연령증가에 따른 노화)와 외인성 노화(광노화, 열노화, 흡연, 환경오염, 스트레스 등)가 있다.

	노화 피부의 특징	관리목적	관리방법
모공상태	T-zone 포함 얼굴 전체의 모공이 보이지 않음	유수분 공급 주름, 탄력관리 피부장벽 보호 기능 회복 (항산화제 복용 및 재생관리)	적절한 보습상태 유지 뜨거운 타월이나 물을 사용하지 않을 것 지나친 세정제 사용을 금할 것
피부결	거친 느낌. 윤기가 없음		
주름	미세 잔주름과 굵은 표정주름이 많음(입가, 피부표면)		
수분보유량	건조함		
유분보유량	유분이 부족, 푸석푸석한 느낌		
탄력도	나쁨		
민감도	예민함		
혈액순환상태	얼굴이 까칠한 느낌		
색소침착	대체로 희고 얼룩진 피부임. 피부가 얇아보임		
악화요인	지나친 자외선 노출, 흡연, 무리한 다이어트, 수면부족, 잘못된 피부관리, 음주, 계절변화, 온도의 변화, 화장품, 반복적인 표정,		
기타 특이사항	외부자극에 쉽게 약해짐, 각질이 쉽게 생김 건조증으로 인한 가려움증 발생		

3 피부관리 계획

단원별 핵심 포인트 및 교육목표

- 고객의 피부상태를 고려하여 적합한 피부관리 상품을 결정할 수 있다.
- 피부관리 과정을 상세히 설명하면서 총괄적인 관리계획을 세울 수 있다.
- 관리목적과 기대효과를 달성하기 위하여 효과적인 자가관리조언(홈케어)을 할 수 있다.

※ 아래의 표는 각 피부타입별 관리계획의 예를 보여준다.

[정상피부 예시]

▶ T존 부위:

▶ U존 부위:

▶ 목 부위:

▶ 딥클렌징:

관리계획 차트 Care Plan Chart

비번호	시험일자: 20 . . . (부)				
관리목적 및 기대효과	관리목적:				
	기대효과:				
클렌징		☐ 오일	☐ 크림	☐ 밀크/로션	☐ 젤
딥클렌징		☐ 고마쥐(Gommage)	☐ 효소(Enzyme)	☐ AHA	☐ 스크럽
매뉴얼 테크닉 제품 타입		☐ 오일	☐ 크림		
손을 이용한 관리형태		☐ 일반	☐ 림프		
팩	T존:	☐ 건성타입 팩	☐ 정상타입 팩	☐ 지성타입 팩	
	U존:	☐ 건성타입 팩	☐ 정상타입 팩	☐ 지성타입 팩	
	목부위:	☐ 건성타입 팩	☐ 정상타입 팩	☐ 지성타입 팩	
고객관리 계획					
자가관리 조언(홈케어)					

*출처: 미용사(피부) 국가자격 검정기준(한국산업인력관리공단)

4 고객카드 작성

단원별 핵심 포인트 및 교육목표

- 고객카드에 개인신상, 건강상태, 방문동기와 방문목적 등을 기록하고, 그림(diagram)으로 피부의 문제, 결함 등을 상세하게 표시할 수 있다.
- 고객의 환경에 대한 특성과 상담결과에 따른 내용을 고려하여 피부관리 계획을 세울 수 있다.

① 고객카드에 개인신상, 건강상태, 방문동기와 방문 목적 등을 기록

성명, 성별, 생년월일, 주소, 전화번호, 직업, 결혼유무, 병력, 알러지, 스트레스, 식생활, 의약품, 화장품과 피부관리 습관, 수술, 관리실 방문 동기 등을 파악하여, 적합한 피부관리 계획을 세움

② 피부유형 진단

그림(diagram)으로 피부의 문제, 결함 등을 상세하게 표시할 수 있다. 피부의 특성 및 피부의 상태를 진단하며 관리 전후의 비교를 위해 꼼꼼히 작성한다.

③ 고객의 환경에 대한 특성과 상담결과에 따른 내용을 고려하여 피부관리 계획을 세울 수 있다.

관리 프로그램 이름, 기간, 사용제품, 방법, 사용기기, 피부반응 등에 관한 내용을 기록하고, 이 기록이 인계가 될 수 있도록 한다.

■ 고객카드

목차	목록	내용	
1	Name(이름)		
2	Date of Birth(생년월일)		
3	Address(주소)		
4	Tel(집전화 또는 휴대전화)		
5	Tel(직장전화번호)		
6	Married Status(결혼유무)	미혼( ) 기혼( ) 기타( )	
7	Sex(성별)	여( ) 남( )	
8	Visit Motivation(방문동기)	광고( ) 지인소개( ) 기타( )	
9	Referred by(소개인)		
10	Disease(질병) 또는 Sickness	헤르페스	단순포진( ) 대상포진( )
		간염보균	
		손 · 발톱 무좀	
		위장기능저하	
		생리불순	
		빈혈	
		변비	
		피로	
		수면장애	
		두통	
		아토피	
		우울증	
		기타	
11	Drugs(복용약물)		
12	Contact lenses(콘택트 렌즈)		
13	Allergies(알러지)	피부제품	
14	Cosmetics(화장품)		
15	Skin problems(피부트러블)	여드름	
		기미	
		잔주름	
		피부건조	
		색소	
		모세혈관확장	
		붉은피부	
		기타	
16	Birth Control pill(피임약)	유( ) 무( )	
17	Favorites(기호식품)	술	
		커피	
		담배	
		기타	
18	Hobby(취미)		
19	Self Skin Care(자가피부관리 방법)		
MEMO			
구매 금액		결제수단: 현금( ) 카드( ) 기타( )	
구매 횟수		프로그램 이름: 관리시작일: 관리종료일: 관리 횟수: 상담일: 상담자: 담당관리사:	

■ 고객 피부관리카드

피부 특성		
피부유형	정상(　　　) 지성(　　　) 건성(　　　) 복합성(　　　) 민감성(　　　) 기타(　　　)	
유분이 많은 부위	얼굴 전체(　　　) T-zone(　　　)	
알러지 종류	음식(　　　) 화장품(　　　) 기타(찬물:　　　에어콘:　　　)	
기타 참고사항		
피부진단		
색소		
예민도		
과각질부위		
피부두께	얇음(　　　) 정상(　　　) 두꺼움(　　　)	
탄력도		
주름		
모공		
홍반		
모세혈관확장		
가려움		
여드름		
기타 피부문제		

5 홈케어 조언하기

단원별 핵심 포인트 및 교육목표

- 주1회, 주2회 또는 2주에 1회 등의 관리를 받는 것으로 피부개선의 효율적인 결과를 얻는 데에는 시간이 오래 걸리므로 홈케어의 중요도에 관한 상세한 설명을 할 수 있다.
- 홈케어 제품을 선정하고 정확한 사용법을 설명할 수 있다.
- 음식과 기호식품 및 수면 등의 피부개선을 돕는 일상적인 생활습관에 관한 조언을 할 수 있다.
- 고객의 기존의 피부관리습관 및 알러지 등을 고려하여 피부관리과정의 중간단계에서 상담 조언을 할 수 있다.

고객의 피부관리 습관

- 피부미용기관에서 전문적인 상담 후 계획된 프로그램을 관리 받은 후 현재의 상태를 유지관리하기 위해서 홈케어가 중요하다.
- 홈케어 관리법, 전문 관리의 필요성을 일깨워 규칙적인 방문 유도한다.

고객 피부관리카드

피부유형	Day Care	Night Care	올바른 피부관리습관
정상	클렌징, 보습토너, 아이크림, 수분데이크림, 자외선 차단제	화장지우기(젤, 밀크타입), 보습토너, 에센스, 아이크림, 수분 나이트크림	규칙적이고 영양가 많은 식습관, 운동, 충분한 수분섭취 및 수면, 자외선 차단제사용
건성	클렌징밀크, 보습토너, 보습에센스, 아이크림, 수분데이크림, 자외선 차단제	화장지우기(밀크), 보습토너, 에센스, 아이크림, 보습강화 나이트크림	피지막을 형성하도록 유수분 화장품 사용, 알칼리성의 세정제 사용금지, 건조한 실내를 피하고 실내습도 유지(40~60%), 지나친 냉난방을 피할 것, 무리한 다이어트 금지, 뜨거운 타올 사용금지
지성	지성용 클렌징, 토너, 피비분비조절 에센스, 아이크림, 수분크림.	화장지우기(지성용 젤, 밀크), 토너, 피지분비 조절 에센스, 아이크림, 지성용 나이트크림	유분 함량이 높은 화장품 사용주의, 지나치게 알콜성분이 강한 화장품 사용은 표피건조를 일으키므로 주의, 고칼로리식이 제한(튀김 등), 지성용 세안제 사용, 잦은 비누세안 금지, 보습강화
복합성	클렌징젤, 보습토너, 복합성 피부용 에센스, 아이크림, 보습데이크림, 자외선 차단제	화장지우기(젤), 보습용 토너, 보습에센스, 아이크림, 수분 나이트크림	피부 상태에 따라 부위별 화장품 사용: T-zone과 U-zone 구분하여 관리 잦은 세안금지
민감(예민)	민감성용 클렌징(젤, 물세안), 보습진정토너, 민감성용 에센스, 아이크림, 보습진정 크림, 자외선 차단제	화장지우기(민감성용 젤, 밀크), 보습진정토너, 민감성용 에센스, 아이(젤 또는 크림), 재생크림(항산화 성분, 진정보습성분)	딥클렌징은 주 1회 T-zone 위주로 시행, 화장품 도포 시에도 마찰되지 않도록 주의(스프레이 타입 등), 진정용 마스크사용, 저자극성 자외선 차단제, 급격한 온도변화주의, 건조하지 않도록 보습에 유의, 저자극 세안제 사용
여드름	여드름 전용 클렌징(젤), 수렴토너, 여드름용 에센스, 아이크림, 피지조절크림, 자외선 차단제	화장지우기(크렌징젤), 보습토너, 여드름용 에센스, 아이크림, 피지조절크림, 여드름용 나이트크림(보습강화)	비누사용 제한(약산성 여드름용 비누), 여드름부위에 사용하는 국소용 제제사용(글리콜릭, 살리실산 제품) 알로에 진정화장품 및 보습영양크림, 피부상태에 따라 주 1~2회 딥클렌징, 화농상태가 심하면 피부과에서 화학적 필링 및 치료를 권함

고객 피부관리카드(계속)

피부유형	Day Care	Night Care	올바른 피부관리습관
모세혈관 확장	민감성용 클렌징(젤, 물세안), 진정토너(아쥴렌, 알란토인), 민감성용 에센스, 모세혈관 강화크림, 자외선 차단제	화장지우기(민감성용 클렌징밀크), 토너(진정보습), 혈관강화앰플(비타민 K, P, C함유), 아이크림(젤), 모세혈관 강화크림	물리적 마찰과 강한 열은 피함 무자극 화장품 사용 딥클렌징은 주 1회 T-zone만 사용 주 1~2회 진정마스크 외부자극차단화장품사용(저자극 자외선차단제, 보습재생, 혈관강화용)
색소침착	클렌징 밀크, 진정 보습토너, 영양재생에센스, 아이크림, 영양재생크림, 자외선 차단제	화장지우기, 진정 보습토너, 미백영양 에센스, 아이크림, 영양재생 미백나이트크림	주1회 딥클렌징 실시, 주 1회 미백, 재생 마스크 실내외 자외선 차단에 신경을 쓰고 미백관리, 필링 후 피부보호하도록 함
노화피부	보습클렌징, 보습토너, 재생에센스, 재생 데이크림, 자외선 차단제	화장지우기(클렌징 밀크), 보습 토너, 재생에센스, 아이크림, 재생 나이트크림	지나친 비누사용을 금하고 수분함유되어있는 세안제를 사용하여 건조화를 방지 유수분이 조화로운 재생크림 주 1회 딥클렌징과 보습재생마스크 자외선 차단에 유의

CHAPTER 3

피부의 이해

1 피부의 구조

2 피부의 기능

3 피부의 부속기관

4 일반적 피부장애

5 태양광선과 피부

1 피부의 구조

단원별 핵심 포인트 및 교육목표

- 피부관리의 직무수행을 위한 피부구조와 구성세포를 이해할 수 있다.
- 피부층의 특성을 이해할 수 있다.
- 피부구조의 구성요소를 이해할 수 있다.
- 피부의 각질화 과정을 이해할 수 있다.

인체를 둘러싸고 있는 피부는 다양한 생리기능을 갖고 있으며 외부환경과 직접적으로 접촉하기 때문에 외부 환경 자극에 민감하게 반응한다. 피부는 우리 몸을 보호하기 위하여 외부의 이물질들이 피부층에 침투하지 못하도록 하여 우리 몸의 내부환경을 보호하는 역할을 한다. 피부의 조직 구조는 바깥층으로부터 표피(epidermis), 진피(dermis), 피하조직(subcutaneous tissue)으로 구성되어 있다. 피부 두께는 대략 표피 0.07~0.12mm, 진피 1~3mm, 피하조직의 두께는 피하지방의 양에 의해 결정되며, 부위, 연령, 인종, 영양상태에 따라 차이가 있다(그림 3-1).

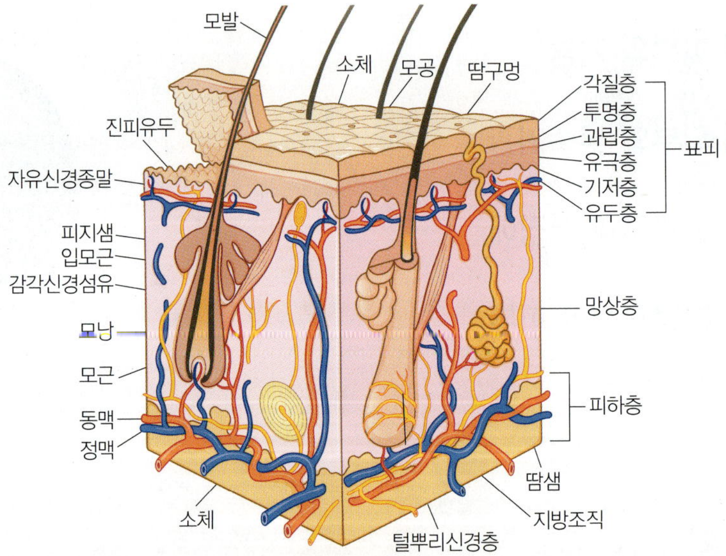

그림 3-1 피부구조

표피 Epidermis

표피는 피부의 바깥층에 있으며 얇은 층이다. 외부로부터의 모든 자극과 상해에 대해서 피부를 보호하며 중층편평상피(stratified squamous epithelium)로 구성된다. 다른 상피조직과 같이 혈관이 분포되어 있지 않아 기저막을 통한 진피층의 물질 확산에 의하여 영양공급이 이루어진다. 표피의 구성세포는 각질형성세포(keratinocyte), 멜라닌형성세포(melanocyte), 랑게르한스세포(Langerhans cell), 머켈세포(Merkel's cell)로 구성되어 있다. 표피의 층은 피부 표면으로부터 각질층, 투명층, 과립층, 유극층, 기저층으로 이루어져 있다(그림 3-2).

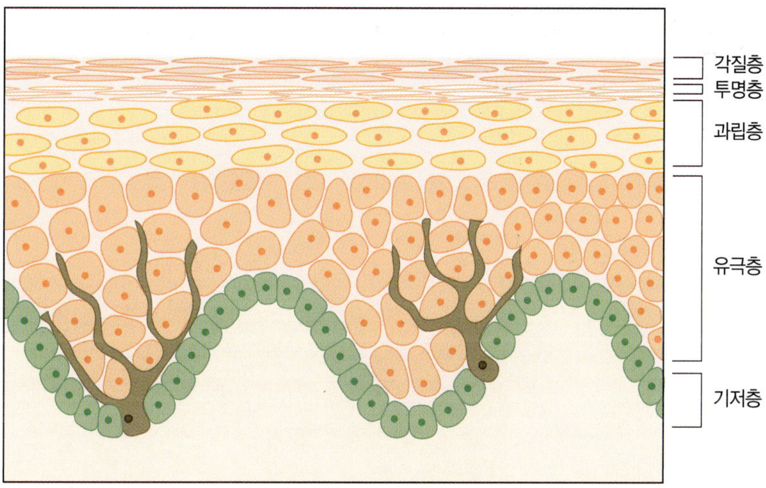

그림 3-2 표피의 구조

(1) 표피층의 구성세포

① 각질형성세포 keratinocyte

표피 세포의 약 80%를 차지하며 방어력이 강한 각질(keratin) 물질을 만드는 역할을 한다. 각질형성세포는 기저층에서 세포분열을 하여 표피의 위층으로 서서히 이동한다. 방어력 강한 각질층을 형성하여 외부 이물질로부터 피부를 보호한다.

② 멜라닌형성세포 melanocyte

표피 세포의 약 13%를 차지하며 멜라닌(melanin)을 생성하여 피부색을 결정하며 자외선으로부터 진피를 보호한다. 멜라닌형성세포는 기저층에 분포되어 각질형성세포와 접촉하여 각질세포에 멜라닌을 함유하게 한다(그림 3-3, 그림 3-4). 멜라닌 세포수는 인종과 피부색에 관계없이 일정하며 멜라닌 소체의 크기와 양에 의해 피부색이 결정된다. 인종의 피부색은 유전에 의하여 결정된다.

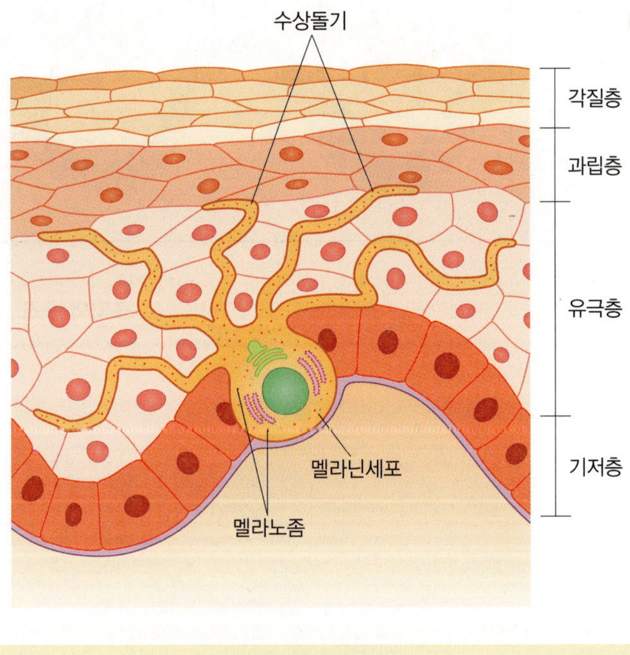

그림 3-3 멜라닌형성세포(melanocyte)

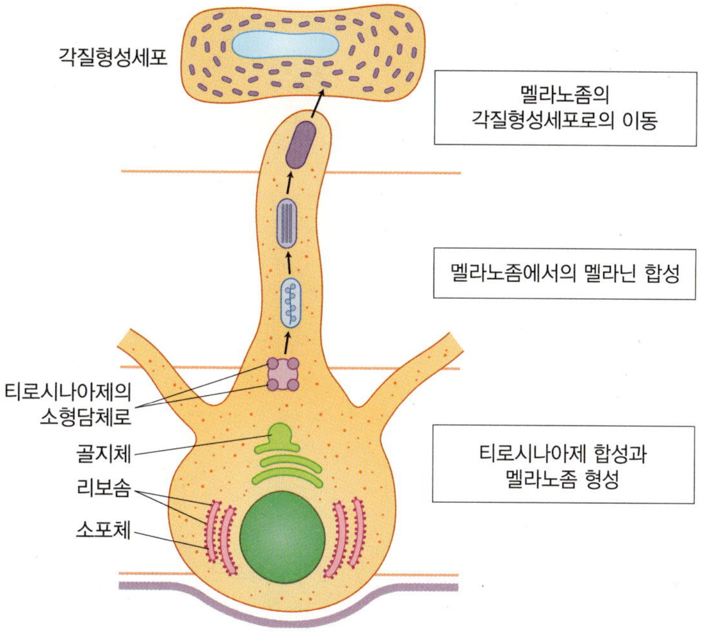

그림 3-4 멜라닌 합성과정

③ 랑게르한스세포 Langerhans cell

표피 세포의 약 2~4%에 존재하며 다른 기관의 상피조직에도 다수 존재한다. 주로 면역작용을 하며 외부의 단백 항원과 바이러스 항원 등이 피부에 침투하면 즉시 반응하여 면역담당 세포인 T-림프구에 전달하는 역할을 한다(그림 3-5). 특히 알레르기성 접촉피부염에서 랑게르한스 세포의 역할이 알려져 있다.

④ 머켈세포 Merkel's cell

표피 전체에 존재하나 기저층 부근에 다수 존재하며 표피에서 촉감을 감지하여 신경자극을 뇌에 전달하는 촉각인식세포라 할 수 있다. 주로 손바닥, 발바닥, 입술에서 존재한다.

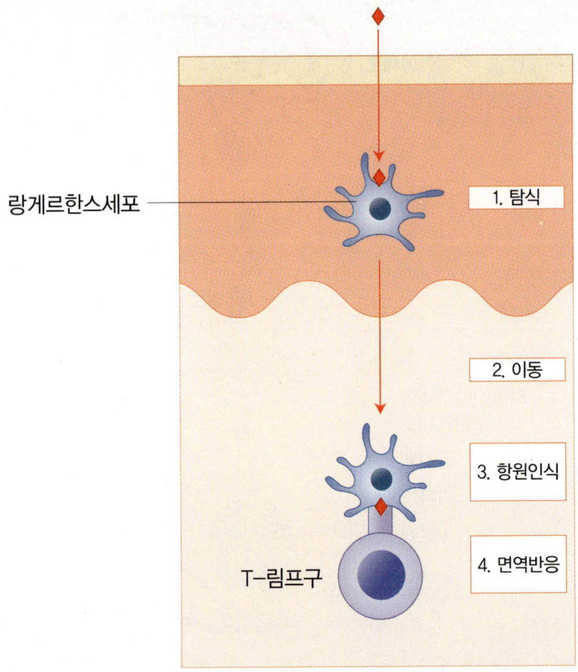

그림 3-5 랑게르한스세포(Langerhans cell)의 면역작용

(2) 표피의 층

① 각질층 stratum comeum, horny layer

피부의 가장 바깥에 위치하며 무핵의 세포층이다. 두께는 대략 0.01~0.02mm의 극히 얇은 층으로 10~20층의 편평한 비늘 모양의 죽은 각질 세포로 방어력이 강한 각질판으로 구성되어 있다. 각 세포간 지질로 구성된 세라마이드(ceramide)라는 물질에 의해 단단하게 연결되어 있으므로 피부의 보습 및 보호기능 역할을 한다.

각질층의 주성분으로 각질단백질인 케라틴(keratin) 약 58%, 지질(lipid) 약 11%, 천연보습인자(natural moisturizing factor, NMF) 약 31%를 함유하고 있다.

각질층의 천연보습인자는 수분 보유량을 조절하여 각질층의 건조를 방지한다. 각질층의 적당한 수분 함량은 10~20%로 수분 함량이 10% 이하가 되면 피부가 건조해져 피부노화의 원인이 된다. 피부의 아름다움에 관련되는 윤택감이나 피부결도 각질층과 관련이 높다.

② 투명층 stratum lucidum, transitional layer

투명층은 무색 · 무핵 세포로 밝고 투명한 층으로 엘레이딘(eleidin)이라는 반유동성 물질이 함유되어 수분침투 방지 및 빛을 굴절시켜 차단하는 특성이 있다. 주로 손바닥, 발바닥 부위에 분포하며 물속에 오랜 시간 있을 경우 손바닥, 발바닥이 쭈그러드는 현상은 엘레이딘 물질이 수분침투 방지의 현상이다. 또한 피부의 윤기와 관련이 있다.

③ 과립층 stratum granulosum, granular layer

작은 과립 모양의 세포로 이루어져 있고 2~5층으로 구성되어 피부표면과 평행하게 배열되어 있다. 표피세포의 각질화 과정이 본격적으로 일어나는 층으로 특히 물의 침투에 대한 방어막으로 수분저지막(barrier zone, rein membrane) 역할과 수분 증발을 저지해 준다. 케라틴(keratin)의 전구 물질인 과립모양의 케라토히알린(keratohyalin)이 빛을 굴절시켜 피부를 맑게 보이게 한다.

④ 유극층 stratum spinosum, spinous layer

표피 중 가장 두꺼운 층으로 세포 표면이 가시모양의 돌기가 있어 인접세포와 다리 모양으로 연결되어 있다.

약 6~10개의 세포층으로 되어 있고 표피세포 중 영양흡수를 많이 하여 자기복구가 가능하며 또한 세포 사이를 통해 노폐물 배출 등의 물질교환이 이루어져 피부관리에 매우 중요한 역할을 한다. 기저층과 유극층을 합하여 말피기층이라도 하며 각화과정의 진행에 중요한 층으로 알려져 있다. 유극층에는 면역기능을 담당하는 랑게르한스 세포가 있다.

⑤ 기저층 stratum basale, basal layer

표피 중 가장 아래에 위치하며 단층으로 진피와 접하고 있으며 서로 물결모양의 경계를 이루고 있다. 1개의 층으로 된 유핵세포로 구성되며 진피의 모세혈관으로부터 영양을 공급 받아 세포분열을 통해 새로운 새포를 생성한다. 표피의 수분함량 중 기저층에서 약 70~80%를 보유하고 있다.

기저층에서 생성된 세포는 약 한달 후 각질층에서 납작한 비늘 모양의 세포로 각화되어 미세한 비듬(furfur)의 형태로 피부에서 탈락된다.

기저층은 피부 표면을 결정하는 역할을 하며, 물결 모양의 요철이 깊고 많을수록 탄력성 높아 젊은 피부이며 노화피부는 요철 모양이 편평해져 영양공급과 노폐물 배출 기능이 저하된다.

기저층에는 각질형성세포(keratinocyte)와 멜라닌형성세포(melanocyte)가 4:1 또는 10:1의 비율로 존재하며 세포 분열에 의해 새로운 피부층으로 이동한다. 피부세포 분열은 밤 동안에 이루어지므로 피부건강을 위하여 충분한 수면이 중요하다.

각질화 과정

표피의 각질화 과정은 기저층에서 세포 분열이 일어나면서 새로운 세포가 묵은 세포를 서서히 밀어 올리며 점차적으로 이동하여 각질층을 형성한다. 각질층의 죽은 세포는 각질층 표면으로부터 자연적으로 떨어져 나간다. 각질층에는 수분은 거의없고 지질 성분으로 피부의 수분 증발을 막아주고 이물질로부터 피부를 보호한다. 이상적인 각화 현상 주기는 약 4주간으로 건강하고 고운 피부는 이 각화 과정에서 만들어지므로 정상적인 각화주기를 유지하는 것이 중요하다. 세포의 각질화 과정이 정상보다 빠르면 얇은 피부가 되고 반대로 각질화 과정이 정상보다 지연되면 두꺼운 피부가 된다. 각질화 과정에 영향을 주는 요인은 자외선, 물리적인 자극, 건선(psoriasis), 지성피부, 불균형한 영양섭취, 연령, 수면부족이나 스트레스 등은 정상적인 각화주기에서 벗어나 기미, 주근깨, 여드름, 민감성피부 등의 문제성 피부의 원인이 된다.

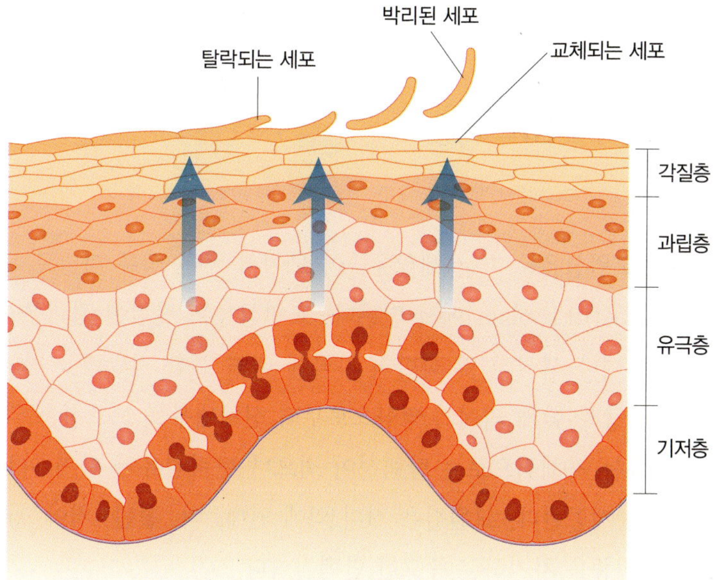

그림 3-6 각질화 과정

진피 Dermis

진피는 표피와 피하지방층 사이에 위치하며 피부의 약 90%를 차지하고 피하조직과 연결되는 불규칙하고 치밀한 아교섬유 결합조직이다. 두께는 0.5~ 4mm 정도로 표피의 약 10~40배 되는 두꺼운 층으로 실질적인 피부 형태라고 볼 수 있다. 진피에는 피부를 지지하고 있는 점탄성을 갖는 탄력적인 조직으로 무정형의 기질(ground substance)과 교원섬유(collagen fiber), 탄력섬유(elastic fiber)의 두 가지 섬유성 단백질이 있다. 또한 대식세포(macrophage), 섬유아세포(fibrobrast), 비만세포(mast cell) 등으로 구성되어 있다. 진피에는 혈관, 림프관, 신경, 한선, 피지선 등이 복잡하게 분포되어 피부영양, 감각, 노폐물 분비 등 중요한 피부의 생리적인 기능을 담당한다.

진피의 구조는 경계가 확실하지 않으며 교원섬유와 탄력섬유가 주성분으로 유두층(papillary layer)과 망상층(reticular layer)으로 이루어져 있다.

(1) 진피의 구성요소

① 교원섬유 collagen fiber

교원섬유는 가는 세섬유들이 모여서 굵은 섬유 다발로 모여 있으며 섬유아세포(fibroblast)에서 만든다. 교원섬유는 진피에 장력을 제공하여 기계적 외력이나 생리적 및 화학적 자극에 대해 강한 저항력을 가지고 있으며 또한 각질층과 함께 외계의 영향으로부터 신체내부를 보호하는 역할을 한다. 교원섬유는 자체적으로는 탄력성이 적으나 탄력섬유와 함께 피부에 장력과 탄력성을 제공한다. 교원질은 진피 외에 인대, 뼈, 혈관, 치아, 내장 등 신체에 많은 비중을 차지하는 중요한 단백질이다.

② 탄력섬유 elastin fiber

탄력섬유는 마치 고무와 같아서 당기면 1.5배까지 늘어나는 섬유 단백질인 탄력소(elastin)로 구성되어 탄력섬유라 한다. 교원섬유에 비해 짧고 가늘며 탄력성이 있어 피부에 탄력성을 주는 역할을 한다. 진피층의 섬유아세포(fibroblast)에서 만들어지며 반복 생성되지 않아 탄력섬유 역할이 매우 귀하다. 노화현상 또는 어떠한 이유로 엘라스틴이 파괴되면 탄력섬유의 기능이 저하되어 피부가 이완되고 주름이 생긴다.

③ 기질 ground substance

기질은 진피층 안에서 세포 사이를 채우고 있는 무정형 물질이다. 생체고분자인 점다당질(무코다당류 mucopoly saccharide, MPS)이 주성분이다. 점다당질의 거대분자는 교원질과 같이 섬유아세포에서 생성된다. 점다당질은 친수성 다당체로 진피의 건조 중량의 0.2%에 지나지 않으나 자신의 부피보다 1,000배 정도의 수분을 보유할 수 있다. 진피는 물의 저장고이기도 하며 진피가 보유한 수분은 일반적인 물과 달리 쉽게 마르거나 얼지 않는 강한 결합수로 이루어진 특수한 성질을 가진다. 이러한 점다당질는 히아루론산(hyaluronic acid), 콘드로이틴 황산(chondroitin sulfate), 헤파린황산(heparin sulfate)으로 이루어져 있다. 기질은 진피의 염분과 수분 균형에 기여하고 결체조직 대사와 조직을 지지하며 피부 탄력성에 관여한다.

(2) 진피의 층

① 유두층 papillary layer

표피의 기저층과 접하고 있는 유두층은 얇은 아교섬유(collageous fiber)가 불규칙하게 배열되어 있는 결합조직이다. 모세혈관과 림프관, 그리고 많은 신경말단들이 표피 가까이 풍부하게 존재하고 있으며 섬유 사이에는 세포, 기질, 수분이 많이 함유되어 있다. 유두층의 모세혈관은 혈관 분포가 없는 표피에 조직액을 통한 확산에 의해 필요한 영양소를 운반하여 표피의 각화를 원활하게 하며 림프관은 표피의 노폐물 배설을 돕는다. 유두층은 진피의 10~20%를 차지한다.

섬유아세포

섬유아세포(fibroblast)의 모양은 편평하고 방사형이나 방추형으로 길게 늘어진 구조로 이루어져있다. 섬유아세포는 교원섬유(collagen fiber), 탄력섬유(elastic fiber)의 섬유성 단백질 성분을 생성하고 세포 외 기질의 구성에 필요한 다양한 대형 분자들을 생성한다. 섬유아세포는 피부에 흉터가 생기면 복구를 위해 매우 활발하게 활동한다.

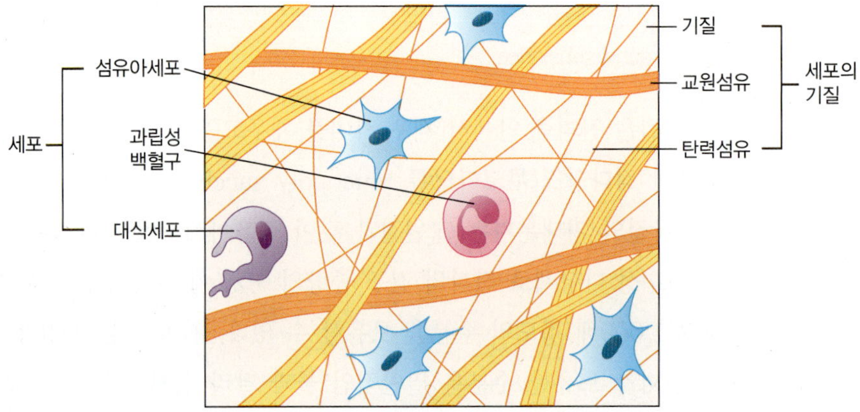

그림 3-7 섬유아세포의 구조

② 망상층 reticular layer

망상층은 진피의 대부분인 약 90%을 차지하며 그물 모양의 단단하며 불규칙한 결합조직으로 피부의 지지 조직이다. 망상층은 굵은 교원섬유와 탄력섬유가 매우 치밀하게 구성되어 있으며 혈관, 림프관, 신경총, 땀샘, 피지선 등이 분포되어 있다. 망상층은 탄력성과 팽창성이 있어 임산부와 비만한 사람에게서 피부가 늘어나게 하면서 지탱할 수 있는 역할을 한다.

피하조직 Subcutaneous tissue

피하조직은 진피 아래층에 위치하며 지방세포들이 느슨하게 연결되어 있는 결합조직이다. 피하조직은 피부의 심층을 덮고 있으며 골격과 근육 위층에 있다. 지방세포 사이에 진피로 연결되는 혈관 및 림프관 신경들이 진피에서보다 굵은 형태로 존재한다. 지방층의 두께는 체형과 영양 상태를 나타내며 나이 성별에 따라 몸의 곡선을 형성한다. 여성호르몬과도 관계가 있어 남성에 비해 여성이 피하지방층이 두껍다.

피하조직은 외부의 충격흡수 작용을 하여 신체 내부의 말초신경 같은 섬세한 구조들을 보호해주고 피부를 통하여 체온이 손실되는 것을 막아주어 피부의 한·냉으로부터 체내의 장기를 보호하는 역할을 한다. 또한 필요한 때를 대비해 남은 영양이나 에너지를 축적하는 기능을 한다(그림 3-8).

피하조직에 지방이 많이 축적되면 피부가 두꺼워져 지방층이 피부표면으로 밀려 오면서 오렌지 껍질처럼 울퉁불퉁해져 교원섬유 탄력성이 저하되는 순환장애가 일어나 셀룰라이트가 발생한다.

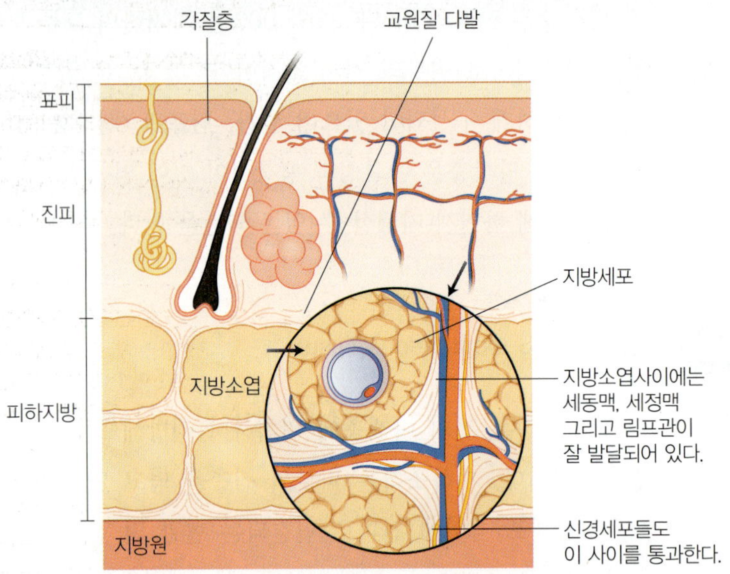

그림 3-8 피하지방의 일반적 구조

2 피부의 기능

단원별 핵심 포인트 및 교육목표

- 피부관리 직무수행을 위한 피부의 보호기능을 이해할 수 있다.
- 피부의 체온조절기능, 감각기능, 분비배설작용을 이해할 수 있다.
- 피부의 저장작용, 흡수작용, 비타민 D 합성작용을 이해할 수 있다.

피부는 상피조직으로 우리 직접 외부와 접촉하여 외부의 모든 자극으로부터 신체 내부를 보호한다. 또한 생리적 기능으로 보호기능, 교환기능, 체온조절기능, 감각작용, 비타민 D의 합성작용, 흡수작용 등 이러한 피부의 기능들은 생명을 유지하는 데 중요한 역할을 하고 있다(그림 3-9).

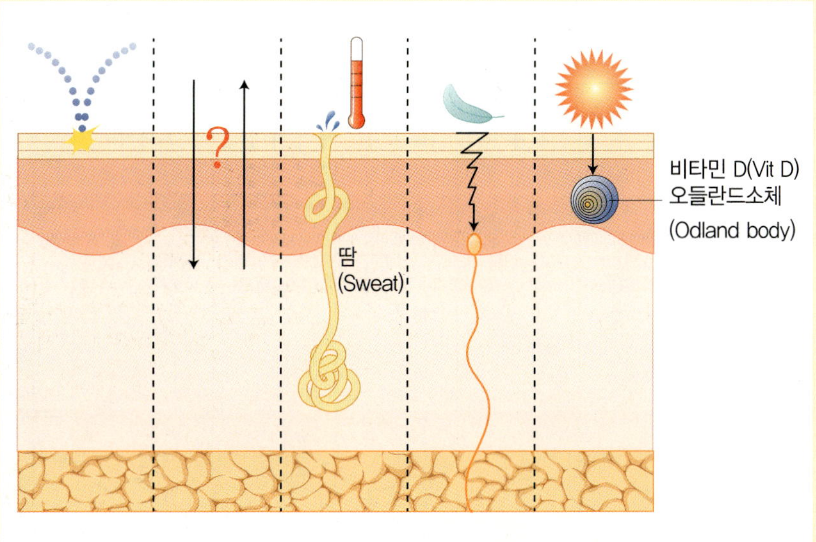

그림 3-9 피부의 작용

보호기능

피부를 보호하는 기능은 주로 각질층과 피부의 땀샘과 기름샘에서 분비되는 지방, 수분, 땀이 섞여 형성되는 약산성의 피지막에 의해 이루어지고 있다. 그러므로 건강한 사람의 피지막은 pH 4.5~6.5의 약산성이다. 그러나 대기오염, 외부자극 등 외적 요인과 정신적인 스트레스, 과로 등 내적 요인에 의해 피지막이 균형을 잃게 되면 보호기능이 저하되어 피부 손상 및 노화를 촉진하게 된다. 따라서 각질층의 피지막 기능을 원활히 하여 피부를 보호하는 것이 중요하다. 표피의 각질층에 존재하는 케라틴과 진피의 아교섬유와 탄력섬유도 외부의 자극으로부터 강한 저항력을 가지고 있으므로 우리 몸을 보호하고 있다(그림 3-10).

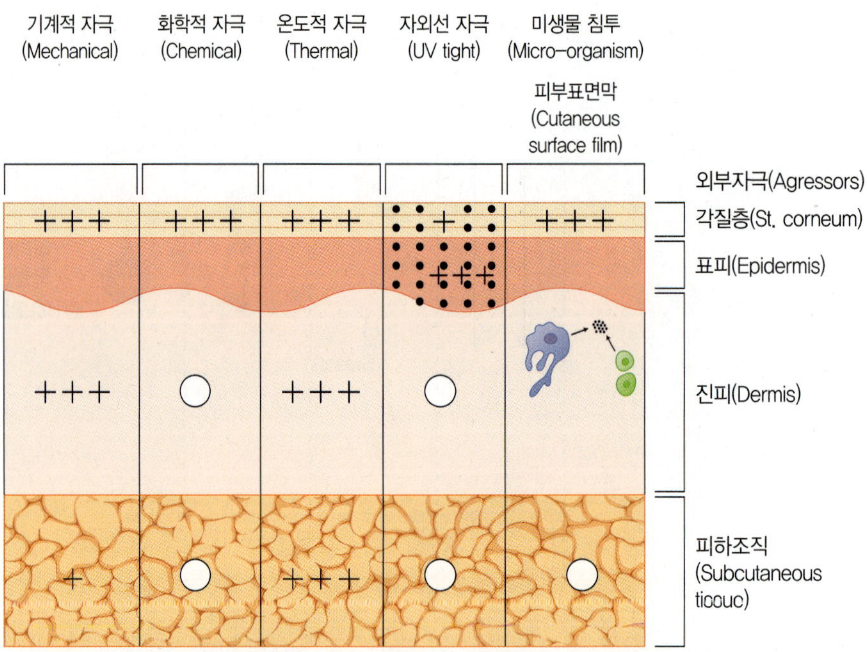

그림 3-10 피부의 보호작용

① 물리적 자극에 대한 보호작용

피부는 표피, 진피, 피하조직의 3층으로 되어 있어 외부의 물리적 자극으로부터 피부를 보호한다. 표피는 얇은 각질층의 수화작용 및 강한 저항력을 가지고 있으며 진피층은 교원섬유와 탄력섬유의 물리적 특성인 장력(tension)과 탄력성으로 물리적 자극으로부터 피부를 보호한다. 또한 피하조직은 특유의 유연한 쿠션 역할에 의한 완충작용으로 외부의 압력 및 자극으로부터 피부를 보호해 준다.

② 화학적 자극에 대한 보호작용

피부 각질층의 피지막은 pH 4.5~6.5의 약산성으로 피부의 화학적 보호막을 형성하고 있다. 각질층은 외부의 화학적 자극에 대해 강한 저항력을 가지며 알칼리 물질의 중화 능력을 가지고 있다. 외부 자극에 의해 약산성 상태가 일시적으로 균형을 잃더라도 다시 돌아오는 복원력을 가지고 있다. 개인에 따라 복원력에 차이가 있지만 강산(pH 3 이하)과 강알칼리(pH 10 이상)의 경우 피부 복원력이 약화되어 피부가 손상된다.

③ 미생물 침입에 대한 보호작용

약산성의 pH 4.5~6.5 피부막은 미생물의 번식을 막고, 랑게르한스 세포는 면역체와 관련하여 면역학적 방어에 중요한 역할을 한다.

④ 태양광선으로부터 보호작용

태양광선인 자외선에 피부가 노출되면 멜라닌 색소의 생성으로 자외선을 흡수 또는 산란시켜 신체 내부에 미치는 영향을 저지한다. 이 현상은 피부 방어기전의 일종으로 일광 화상으로부터 피부를 보호하기 위하여 피부에서 멜라닌을 합성하는 것이다. 자외선에 의해 피부가 짙은 갈색으로 되는 것은 광선이 진피까지 흡수되는 것을 방어하여 피부를 보호하는 것이다. 땀의 성분 중 유로카닉산(urocanic acid)은 자외선 B를 선택적으로 흡수하여 피부를 보호하며 모발 역시 자외선으로부터 두피를 보호하는 역할을 한다.

체온조절 기능

건강한 사람의 신체 온도는 36.5℃로 일정하게 항상성을 유지한다. 항상성 체온조절을 위하여 피부에 분포되어 있는 혈관과 한선(땀샘), 지방조직 등이 제각기 역할을 한다. 즉 피부에 분포되어 있는 혈관의 확장과 수축은 외부온도에 따라 민감하게 반응하는데, 더울 때는 혈관이 확장 및 한선의 작용으로 땀을 배출하여 체온을 떨어뜨리게 하고 추울 때는 모공 및 입모근이 수축하여 열의 발산을 막아 체온의 손실을 막는다. 지방조직은 외부의 온도가 신체 내부에 전달하지 않도록 보호하며 또한 신체 내부의 열 발산을 막는 역할도 한다.

감각기능

피부는 감각기관 중의 하나이며 신경말단 수용기를 가지고 있는데 1cm^2 면적의 피부에 촉각점이 25개, 온각점이 1~3개, 냉각점이 12개, 통각점이 100~200개가 존재한다. 이러한 감각점은 신체의 위험으로부터 방어하기 위한 감각기능 현상을 일으켜 외부자극에 대한 방어력을 갖고 있다.

외부에서 피부에 자극을 가하면 지각신경 말단이 반응하여 뇌에 전달하게 되는데, 이 자극은 통각 > 후각 > 냉각 > 온각 순으로 통증을 감지할 수 있다.

분비 및 배설작용

피부는 지속적으로 분비 및 배설 작용을 하고 있다. 신체의 신진대사로 인한 노폐물은 거의 신장, 폐, 항문 등을 통해 배설되는데 일부 노폐물은 땀과 피지가 함께 피부표면을 통해 체외로 배출된다. 각질층은 약 한 달을 주기로 저절로 탈락하는 일종의 상피세포로 배설작용의 하나라고 말할 수 있다. 피지선에서 분비되는 피지는 모낭을 통하여 피부표면에 피지막을 형성하여 피부의 윤택을 유지하며 수분의 손실을 막기도 한다(그림 3-11). 피부표면은 폐호흡에 비하여 아주 적은 호흡작용을 한다. 즉 폐호흡의 0.6% 정도가 피부를 통하여 호흡이 이루어지며 피부의 열 발산, 유독물질 배설, 수분증발 등 매우 중요한 역할을 하며 피부 호흡을 차단하면 40분 이내에 사망하게 된다.

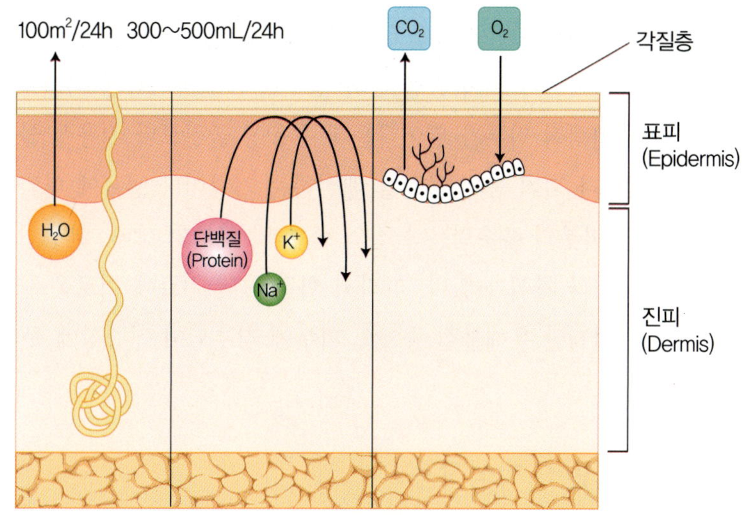

그림 3-11 피부를 통한 물질교환

저장작용

피부는 대사에 필요한 에너지원을 섭취한 영양 물질로 사용한다. 피부의 피하조직은 신체의 에너지원으로 사용하고 남은 과잉 영양분을 저정하여 필요할 때 에너지 공급원으로 사용하는 창고 역할을 한다. 이를 저장작용이라고 하는데 개인의 영양 상태에 따라 저장 지방양의 차이가 있다. 또한 피하조직은 외부의 물리적 충격으로부터 신체를 보호하고 표피와 진피는 수분을 저장하여 건강하고 윤택한 피부를 유지하게 한다.

흡수작용

피부의 흡수작용은 각질층을 통한 침투 및 모공과 한선을 통하여 흡수작용이 일어난다. 각질층을 통한 침투는 레인방어막에 의해 최대한 저지되면서 약간의 선택적 침투가 일어나는데 수용성 물질보다 지용성 물질이 용이하다. 피부는 땀이나 피지 등의 물질을 배설하는 기관이나 필요에 따라 물질을 흡수하기도 한다. 피부의 흡수력은 물질의 종류 및 피부의 상태, 환경, 습도, 지용성의 정도 등에 따라 차이가 있다. 따라서 화장품 및 치료에 이로운 물질이 침투 및 흡수되기도 하지만 유해물질 중에도 피부에 침투되어 건강상에 문제를 일으킬 수 있다.

비타민 D 합성작용

자외선 B가 피부내로 침투하면 비타민 D는 표피층의 과립층(오들란드소체)에서 프로비타민 D, 즉 7-디하이드로 콜레스테롤(7-dehydrocholesterol)로부터 합성된다. 합성된 비타민 D는 인체의 내장벽을 통해 칼슘이 혈관으로 흡수하는 데 필수적이다. 칼슘은 뼈와 치아를 견고하게 하며 구루병을 예방한다.

3 피부의 부속기관

단원별 핵심 포인트 및 교육목표

- 피부관리 직무수행을 위한 피부의 한선 기능을 이해할 수 있다.
- 피부의 부속기관 모발의 구조 및 성장주기를 이해할 수 있다.
- 손 · 발톱의 구조와 기능을 이해할 수 있다.

피부의 부속기관(appendages of the skin)은 피부가 변형되어 생긴 기관이다. 피부의 부속기관은 크게 손 · 발톱(nail), 모발(hair), 한선(sweat gland), 피지선(sebaceous gland)으로 구성된다(그림 3-12).

주성분은 부속기관에 따라 차이가 있는데 대략 물(70%), 단백질(25~27%), 지방(2%), 탄수화물(1%) 등이 주요 구성 성분이며, 그 외에 미량의 효소, 호르몬, 미네랄, 비타민 등으로 구성되어 있다.

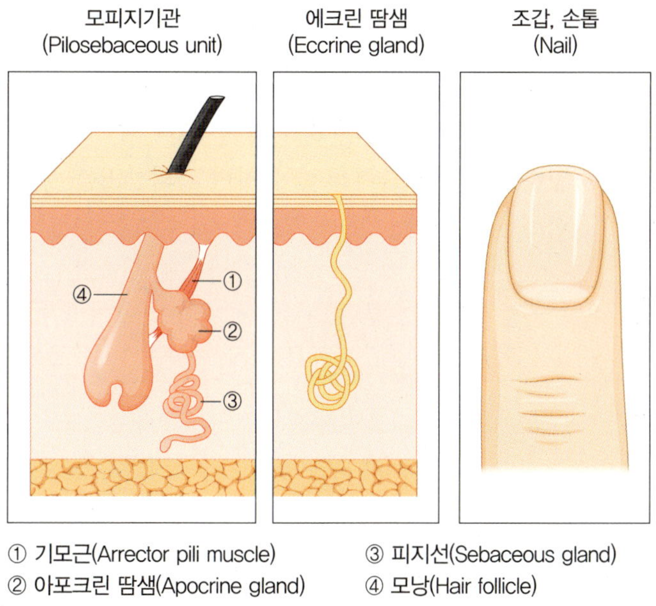

그림 3-12 피부의 부속기관

한선

한선(sweat gland)은 땀을 만들어 피부표면에 분비하는 기능을 한다. 땀의 성분은 액체 상태로서 수분 99%와 약 1%의 염분, 요소, 젖산, 암모니아, 우로칸산 등으로 되어 있다.

한선은 그 기능에 따라 소한선(eccrine sweat gland)과 대한선(apocrine sweat gland)으로 나뉜다. 피부 온도가 높아지면 정상체온 유지를 위해 땀샘 활동이 활발해 지며 신경이 자극되고 공포감을 느끼면 호르몬과 관계해 땀샘 작용에 영향을 끼친다. 신체부위에 따라 다르지만 정상일 때는 성인의 경우 하루 약 900cc 정도의 땀이 분비되고, 격렬한 운동 시 개인차에 따라 하루 약 8~10L까지도 분비된다.

① 소한선

에크린 땀샘은 포유동물에게만 존재하며 대한선(apocrine sweat gland)의 땀보다 분비물 농도가 묽기 때문에 소한선(eccrine sweat gland)이라 한다(그림 3-13). 에크린선은 피부표면 전체에 분포하는데 입술과 음부, 손·발톱에는 보이지 않는다. 에크린선은 진피와 피하조직 사이에 위치하여 피부표면까지 연결되어 있다. 분비되는 땀은 하루 700~900cc 정도이며 pH 3.8~5.6 정도로 약산성이다. 발한 시 유독물질, 노폐물, 독소 등이 같이 배출되어 피부가 맑아지는 것은 발한의 중요한 장점이라 할 수 있다. 땀은 각질층이 원활하게 수화작용을 할 수 있게 하는 천연보습인자(NMF)가 함유되어 있어 피부의 보습력을 좋게 하며 자외선 B를 차단하는 우로칸산을 포함하고 있다.

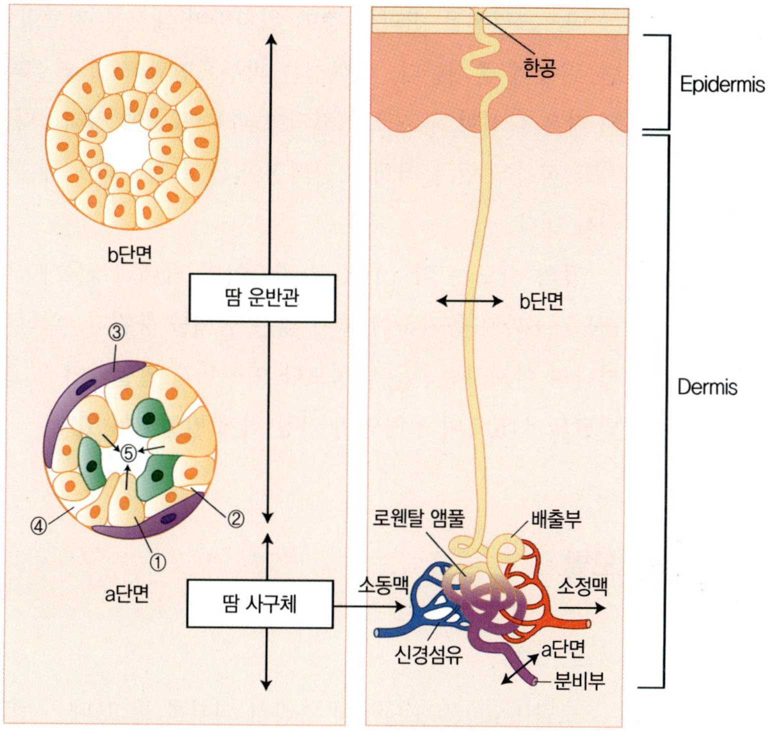

a단면: ① 투명세포(Clear cell)
② 어두운 세포(Dark cell)
③ 근육상피세포(Myoepithelial cell)
④ 세포간 소도관(Intercellular canaliculi)
⑤ 내강(Lumen)

b단면: 땀 운반관의 단면

그림 3-13 소한선의 단면

② 대한선

아포크린선은 진피 심층에 위치하며 대부분 겨드랑이와 생식기, 배꼽 주변, 유두에 존재한다. 대한선은 피부표면과 직접 연결되지 않고 모낭에 부착된 작은 나선형 구조로 연결되어 피부 표면에 열려있다. 에크린선에 비해 진하고 점성이 있는 액체로 단백질이 많고 특유의 냄새를 풍겨 개인 특유의 체취를 낸다.

땀의 산도는 약 pH 5.2~6.7이며 박테리아균에 의해 산도가 붕괴되면 pH 7~8까지 증가하여 좋지 않은 냄새를 풍긴다. 일반적으로 사춘기부터 나타나며 아포크린선은 남성보다 여성에게 발달되어 있고 백인보다 흑인이 더 발달되어 있으며 동양인이 가장 적게 발달되어 있다.

모발

(1) 모발 구조

모발(hair)은 모낭에서 자라서 피부를 뚫고 나온 털로 우리가 볼 수 있는 형상을 가지고 있다. 피부 아래에 있는 모근부는 모낭과 모구, 모유두, 피지선, 입모근 등으로 구성되어 있다(그림 3-14).

피부 바깥으로 나와 있는 모간부는 가장 외측부터 모표피, 모피질, 모수질의 세 부분으로 이루어져 있다. 주로 케라틴(keratin)이라는 경단백질로 이루어진 섬유들이다.

(2) 모근부의 구조

① 모낭 follicles

모낭은 모근을 감싸고 있는 세포층을 말하며 털을 만들어내는 기관이다.

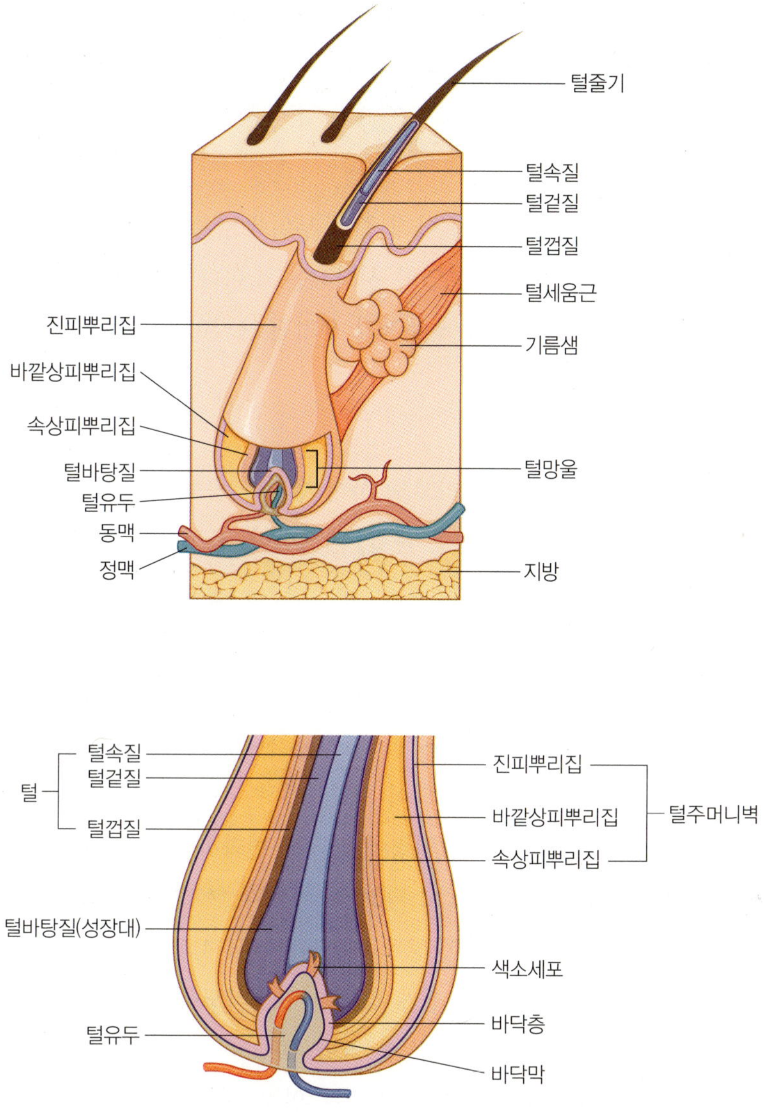
털줄기
털속질
털겉질
털껍질
털세움근
진피뿌리집
기름샘
바깥상피뿌리집
속상피뿌리집
털바탕질
털망울
털유두
동맥
정맥
지방
털
털속질
털겉질
털껍질
진피뿌리집
바깥상피뿌리집
속상피뿌리집
털주머니벽
털바탕질(성장대)
색소세포
털유두
바닥층
바닥막

그림 3-14 모발의 구조

② 모구bulb

모근의 아래 부분에 둥글게 부풀어있는 부분을 말하며 이곳에서 모발이 자란다.

③ 모유두papilla

모근부의 가장 아래 중심 부위에 유두와 같은 모양으로 위로 돌출되어 있는 곳으로 세포분열이 시작되는 곳이다. 모모세포 형성에 필요한 영양분을 공급하며 모유두에 문제가 생기면 모발이 생성되지 않는다.

④ 입모근arrector pili muscle

"털세움근"이라고도 하며 추위나 공포를 느꼈을 때 모발을 세울 수 있는 근육이다. 입모근은 눈썹, 겨드랑이, 음모를 제외한 모든 부분에 분포한다.

⑤ 피지선sebaceous grand

피지선은 진피의 중간 부위에 위치하며 피지(sebum)가 분비되는 샘이다. 피지선은 손 · 발바닥을 제외한 전신에 분포되어 있으며 얼굴 · 이마 · 코 등에는 더 많이 집중되어 있다. 특히 두피와 얼굴 T존 부위에 밀집해 있다. 피지의 분비 상태는 연령에 따라서 변화하는데 사춘기에 피지의 분비가 왕성하다가 40대 이후 감소되고 60대 이후 현저히 줄어든다(그림 3-15).

피부 표면에 형성된 피지막은 pH 4.5~5.5의 약산성으로 대기중의 이물질이나 미생물이 쉽게 침범하지 못하도록 피부를 보호하며 알카리성 물질을 중화시켜 피부의 손상을 막아준다.

세안 후 피지분비 정도는 연령, 계절, 개인차에 따라 다르며 대략 1시간 후 20%, 2시간 후 40%, 3시간 후에는 50% 정도 분비된다.

(3) 모간부의 구조

① 모표피hair cuticle

모발의 최외층을 구성하고 있는 모표피는 핵이 없는 무핵의 세포로 딱딱한 경케라틴 단백질 성분으로 모발의 10~15%를 차지하고 있다.

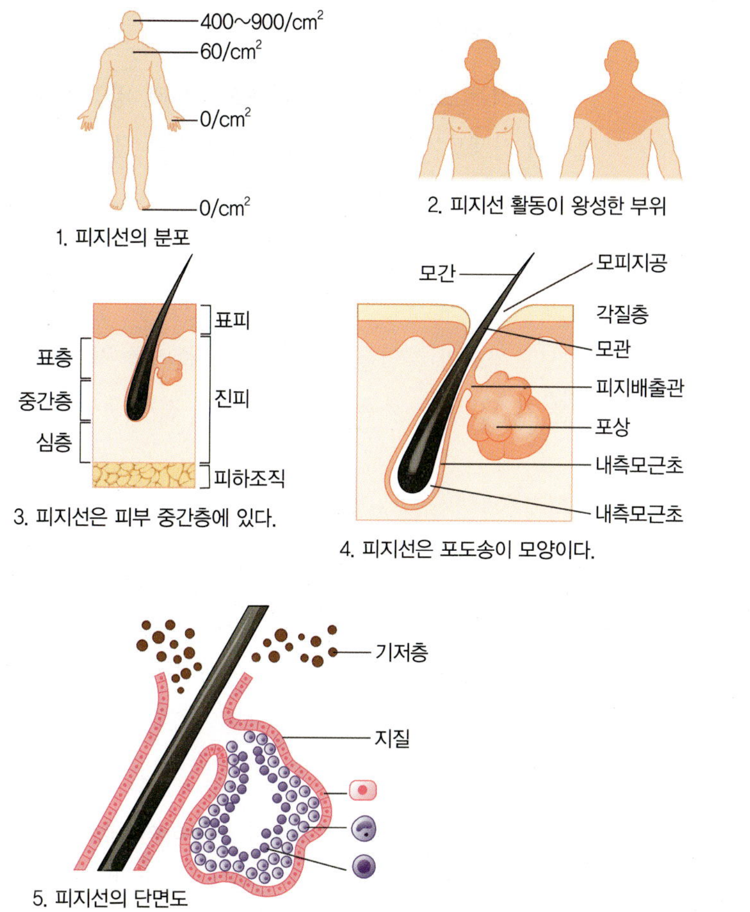

그림 3-15 피지선의 구조와 기능

② 모피질 hair cortex

모피질은 모발의 중간에 위치하며 모발의 85~90%를 차지하고 있다. 모발색을 결정하는 멜라닌색소를 함유하고 있다.

③ 모수질 hair medulla

모수질은 모발의 가장 안쪽에 위치하고 있으며 공기를 머금고 있어서 보온 역할을 한다.

(4) 모발의 성장주기

① 성장기 anagen

성장기는 모유두가 모세혈관으로부터 영양분과 산소를 공급받아 세포분열하여 신생모가 발생하며 왕성히 자라는 단계이다. 전체 모발의 80~90%를 차지하며 모발의 수명은 대략 5년 정도이다.

② 퇴화기 catagen

모모세포의 분열을 멈추고 탈모 준비를 시작하는 시기를 말한다. 대체로 짧은 기간으로 2~4주 정도 지속되고 전체 모발의 1~2%를 차지한다.

③ 휴지기 talogen

휴지기는 모발 자체가 일시적으로 모낭 안에 머무르는 상태를 말하며 모유두가 위축되어 있으며 전체 모발의 10~15%를 차지하며 기간은 4~5개월 정도이다. 산후 탈모증의 특징은 성장기에서 바로 휴지기로 넘어가 탈모를 일으킨다.

④ 발생기 new anagen

발생기는 모구부와 모유두가 결합하여 새로운 모발을 만들어 성장시킨다. 한 개의 모낭 안에서 발생기 모발이 성장하면서 휴지기의 모발을 모공 가까이 위로 밀어내면서 자연 탈모를 유도한다.

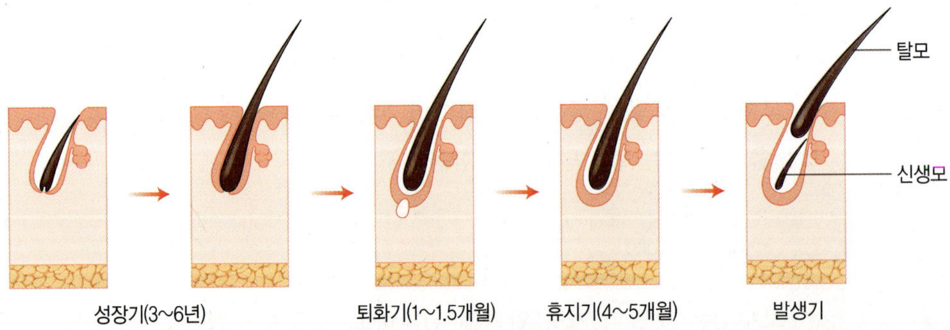

그림 3-16 모발의 성장주기

손 · 발톱의 구조와 기능

① 조체 bail body, 손 · 발톱판

손톱 본체를 의미하며 큐티클에서 손톱 끝까지를 말한다. 여러 층으로 구성되어 있으며 조체 자체에는 신경이나 혈관이 없다.

② 조근 nail root

손 · 발톱 뿌리 부분으로 피부 밑의 근위조갑 주름으로 가려져 있으며 세포 조직이 형성되고 자라는 곳이다.

③ 자유연 free edge

자유연은 손 · 발톱 바닥과 붙어있지 않으며 조상 끝 부분에서 손톱 끝 부분까지이다.

④ 조상 nail bed

조상은 손톱 밑에 위치하고 조체의 밑 부분으로 혈관과 신경이 분포한다. 조상 아래에 있는 피부에서 손 · 발톱에 영양 공급과 신진대사의 역할을 한다.

⑤ 조반월 lunula

조반월은 희고 불투명한 색깔의 반달 모양으로 엄지손가락 손톱에서 잘 발달되어 있다.

⑥ 조소피 cuticle

손톱의 주위를 덮고 있는 피부를 말하며 외부의 미생물 등 세균의 침입으로부터 손 · 발톱을 보호하는 역할을 한다.

⑦ 조구 nail grooves

조상의 양 측면에 좁게 패인 부분을 말하며 손톱고랑을 의미한다.

⑧ 조벽 nail wall

조구 옆에 있는 양측 피부를 말하며, 물리적인 충격이나 압박으로부터 손·발톱을 보호하는 역할을 한다.

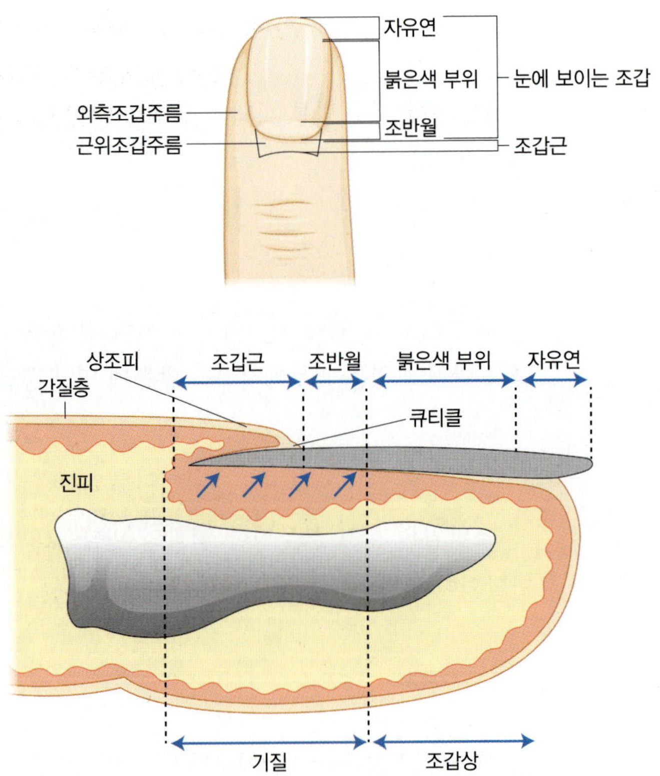

그림 3-17 손톱의 구조

4 일반적 피부장애

단원별 핵심 포인트 및 교육목표

- 피부관리의 기본적인 직무수행을 위한 일반적 피부장애를 이해할 수 있다.
- 일반적 피부장애의 종류와 원인을 이해할 수 있다.

원발진

원발진(primary lesion)이란 건강한 피부에 나타나는 질환의 초기 병변으로 2차적인 발병이 없는 피부의 변화를 말한다.

원발진에는 면포(comedone), 반(macule), 구진(papule), 결절(nodule), 수포(bleb), 농포(pustule), 낭종(cyst), 팽진(wheal) 등이 있다.

① 면포 comedone

비염증성 병변인 여드름의 기본 증상으로 피지 알갱이가 피부 표면으로 노출되지 않은 것을 백색면포(white comedone)라 하고 공기 중에 노출되어 산화된 것을 흑색면포(black comedone)라고 한다(그림 3-18, 그림 3-19).

그림 3-18 백색면포

그림 3-19 흑색면포

② **반점** macule

반점은 피부 표면에 융기나 함몰이 없으며 피부색의 변화만 있는 것을 가리킨다. 피부색변화의 정도에 따라 홍반, 자반, 갈색반, 청색반, 과색소침착 등이 있다. 1cm 이하는 반점(macule)이라 하고, 상대적으로 큰 경우는 반(patch)이라 한다.

③ **구진** papule

구진은 1cm 이하의 작은 융기의 붉은색 발진의 병변으로 피부에 각질이 많이 쌓이면 진피에 있는 모낭이 막히면서 피지가 쌓여 구진이 발생하게 된다. 피부의 표피 및 진피 상부층에 나타나며 염증성 여드름과 비염증성 여드름의 중간 상태로 나타나기도 한다(그림 3-20).

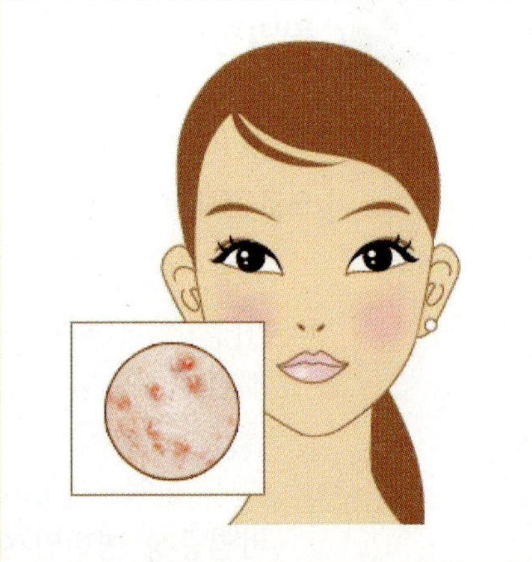

그림 3-20 구진

④ **결절** nodule

결절이란 고형성 융기로서 직경이 약 5~10mm 정도로 진피나 피하지방층에서 나타난다. 구진과 작은 종양의 중간 크기의 병변으로 일부 돌출부에 염증과 열을 동반하기도 한다. 일반적으로 작은 혹처럼 튀어나온 병변은 사라지지 않고 지속되는 경향이 있다.

⑤ **수포** blister

수포는 일명 물집을 말한다. 피부의 세포 사이와 세포 안에 맑은 액체가 고여 피부면이 부풀어올라 있는 상태로 포진, 화상 등이 있다. 수포가 터져 건조되면 가피를 형성하고 진피층 깊이 병변이 있을 경우 궤양과 흉터를 남길 수 있다.

⑥ 농포 pustule

농포는 구진에서 병변이 진행되거나 처음부터 농포로 생기기도 한다. 구진과 다른 점은 작고 둥근 모양 안에 농(고름)을 포함하고 있으며 박테리아 등 세균은 없다. 대부분 주위에 염증성 홍반을 동반하며 2차적 피부 병변으로 발생하기도 한다(그림 3-21).

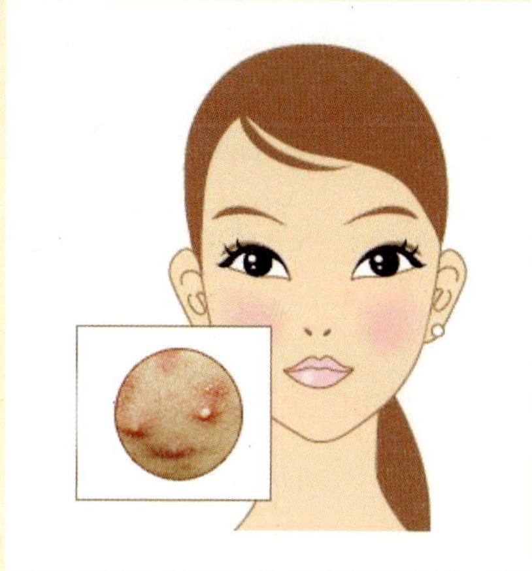

그림 3-21 농포

⑦ 낭종 cyst

낭종은 진피에 동공이 발생하여 장액 · 혈액 · 지방 등이 들어 있는 병변으로 주위 조직과 뚜렷이 구별된다. 여드름 피부의 경우 4기에 나타난다.

낭종은 대부분 양성으로 건강에 영향을 미치지 않지만 아주 드물게 전암성 기저질환을 의미할 수도 있다.

⑧ 팽진 두드러기, wheal

팽진은 피부면보다 약간 높은 부종성 융기의 발진으로 소양감을 동반한다. 말초혈관 주위의 비만세포로부터 히스타민의 분비가 증가되어 발생한다. 지속 기간에 따라 급성 두드러기와 만성 두드러기로 구분한다.

속발진

원발진의 초기 병변이 개선되지 않아서 일어나는 병적 변화를 속발진(secondary lesion)이라고 한다.

속발진에는 가피(crust), 비립종(milum), 한관종(siringoma), 찰상(excoriations), 흉터(scar), 궤양(ulcer), 위축(atrophy) 등이다.

① 가피 crust

가피는 일명 딱지를 말한다. 피부의 병변이 치료과정 중 장액 · 혈액 · 고름 등이 건조해서 굳은 것을 말한다.

② 찰상 excoriations

피부가 스치거나 문질러서 생긴 상처로 찰과상이라고도 한다. 표피가 벗겨지면서 진피층의 손상으로 상처가 나며 가벼운 흔적을 남기기도 한다.

③ 비립종 milum

피부의 얇은 부위의 눈꺼풀과 뺨에 발생하는 1~4mm의 작은 구진이다.

비립종은 중년여성에게 많이 발생하며 육안으로 한관종과 유사하게 보이지만 모공 이상에 의한 일종의 양성 종양이다.

④ 한관종 siringoma

주로 30대 이후 여성의 눈 주위에 살색의 물사마귀 모양으로 오돌도돌하게 솟아나는 피부질환으로 자각 증상이 없으며 유전성이 있다. 한관종은 땀샘 이상으로 발생하며 다발성 피하 종양의 하나다.

⑤ 궤양 ulcer

진피에서 피하조직에 이르는 피부조직 세포의 붕괴로 인하여 표면은 장액과 고름으로 젖어 있으며 염증과 출혈이 있다. 치유시 흉터가 남는다. 피부, 점막, 소화관 등에 발생한다.

⑥ 흉터 scar

피부 병변의 치유 후에 남은 흔적으로 반흔이라고도 한다. 깊은 피부층의 조직결손 부위가 치유 과정에 단단하고 치밀한 섬유성 결합조직으로 메워지는 상태로 흉터조직이라 한다.

⑦ 위축 atrophy

피부의 퇴화변성으로 피부의 부피와 크기가 감소하고 피부가 얇아져 잔주름이 생기거나 늘어진 상태로 진피층의 콜라겐과 엘라스틴의 감소로 인한 노화 현상의 일종으로 선상 또는 반상을 나타낸다.

5 태양광선과 피부

단원별 핵심 포인트 및 교육목표

- 피부관리의 직무수행을 위한 태양광선이 피부에 미치는 영향을 이해할 수 있다.
- 자외선의 종류와 특성을 이해할 수 있다.
- 태양광선과 피부노화의 원인을 이해할 수 있다.

태양은 다양한 종류의 광선으로 구성되어 있으며 태양광선의 에너지는 모든 동식물의 생명활동에 관여한다. 태양광선은 파장의 길이에 따라 분류하는데 프리즘을 통하여 볼 수 있는 가시광선과 열선으로 작용하는 적외선, 광선으로 작용하는 자외선으로 분류한다. 태양광선은 인체에 많은 영향을 미치며 특히 피부에 미치는 영향으로는 비타민 D 형성과 살균작용, 혈액순환 촉진 등의 이로운 작용을 하며 반면 피부의 과도한 태양광선 노출은 색소침착, 피부주름, 피부암, 피부노화의 원인이 되기도 한다(그림 3-22).

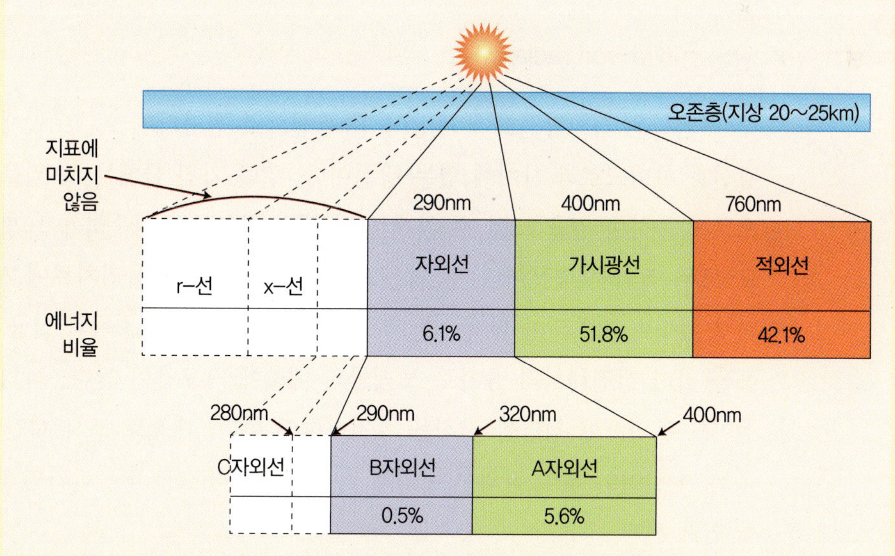

그림 3-22 태양광선 스펙트럼

(1) 가시광선 visible ray

가시광선은 400~800nm의 파장으로 눈으로 볼 수 있는 광선이다. 태양 복사 에너지 중 가시광선이 약 50%로 가장 많이 방출하며 파장 길이에 따라 빨강, 주황, 노랑, 초록, 파랑, 남색, 보라의 색깔이 나타난다. 강한 가시광선의 인공 조명은 시력을 해칠 수 있다(그림 3-23).

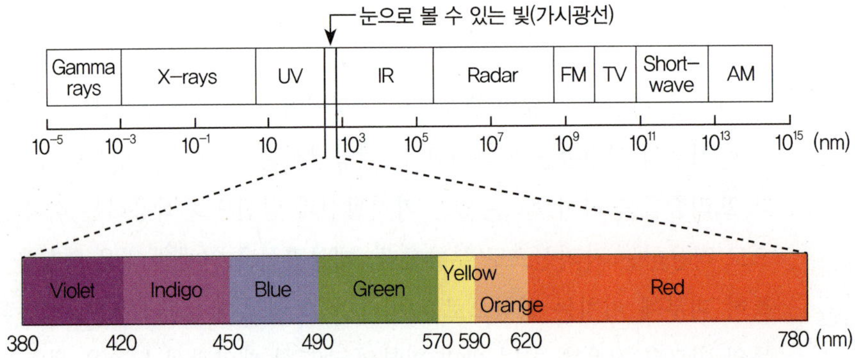

그림 3-23 가시광선 스펙트럼

(2) 적외선 infra-red radiation

적외선은 가시광선보다 파장이 긴 광선으로 전자기파 스펙트럼에서 가시광선과 마이크로파 사이에 있는 광선이다. 열을 가진 물체는 그 열을 적외선으로 방출하여 열을 느낄 수 있게 하며 햇볕이나 불이 따뜻하게 느껴지는 것도 모두 적외선 때문이다. 적외선의 열은 피부관리와 물리치료에 사용하여 피부 깊숙이 침투되어 혈액순환 촉진, 근육조직의 이완, 소독과 살균 등의 작용을 하며 신진대사의 증가로 노폐물의 배출에도 도움이 된다. 적외선은 열선이므로 인체에 적당한 간격을 유지하여야 한다. 대체로 조사 시간이 20분을 넘지 말아야 하며 적외선에 의해 피부온도가 45℃까지 올라가면 피부화상을 입게 된다.

(3) 자외선 ultraviolet: UV

① 자외선 A(UV-A: 320~400nm)

자외선 A는 자외선 중 장파장으로 피부 깊숙히 진피까지 침투한다. 오랜 기간 자외선 A에 노출되면 진피층의 콜라겐과 엘라스틴의 변성을 일으켜 피부의 탄력성 감소, 피부위축, 주름형성, 색소침착, 피부노화 등을 일으킨다. 자외선 A는 유리창을 통과하여 실내까지 영향을 미치기 때문에 "생활 자외선"이라 불린다(그림 3-24).

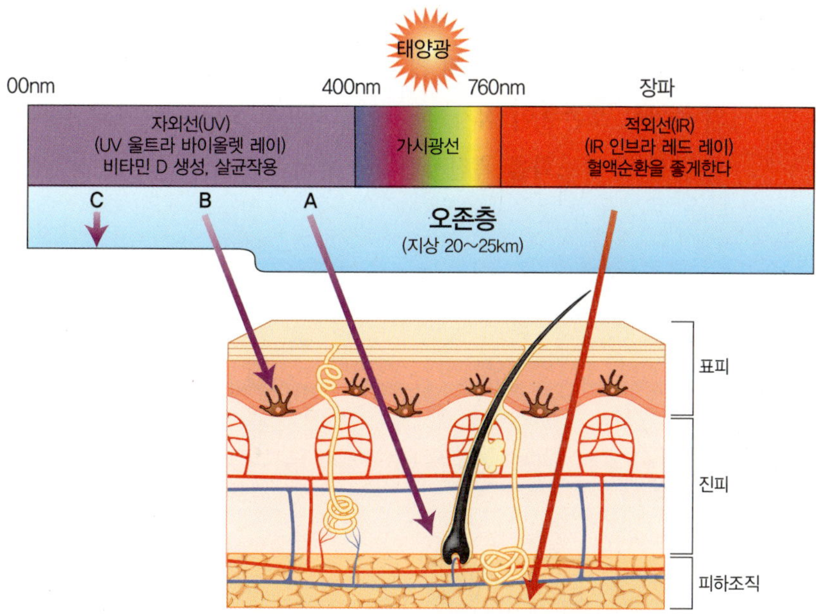

그림 3-24 태양광선의 피부투과

② 자외선 B(UV-B: 280~320nm)

자외선 B는 자외선 중 중파장으로 주로 피부의 표피 하층에 반사되고 산란하며 진피의 상부층까지 영향을 미친다. UVB에 지속적으로 노출되면 기저세포의 분열이 증가되어 각화과정이 가속화되므로 각질층이 두꺼워져 자외선 차단효과를 제공한다. 또한 비타민 D를 활성화하여 구루병 예방 및 면역력 강화와 여드름 치유에 도움이 된다. 반면 UVB에 과다 노출시 피부에 급속히 손상을 주어 일광화상을 일으키고 만성적으로 자외선 B에 노출되면 피부암의 발생 가능성이 높아진다.

③ 자외선 C(UV-C: 200~280nm)

자외선 C는 자외선 중 단파장으로 에너지가 가장 강한 광선이며 오존층에 흡수되어 지표까지 도달하지 않는다. 그러나 오존층을 파괴하는 환경오염 및 물질의 증가로 오존층이 점차 감소하여 지표에 도달하는 자외선량을 증가로 피부암의 발생 및 광노화를 촉진시킨다고 알려져 있다.

표 3-1 자외선(ultraviolet: UV) A, B, C의 특성

	UV-A	UV-B	UV-C
파장영역(nm)	315~360(장파장)	280~315(중파장)	200~280(단파장)
파장열 피부 반응특성	• 365일 동안 고루 발생 • 산란하여 발생하기 때문에 그늘 밑이나 흐린 날, 비오는 날에도 존재 • 아파트유리, 자동차유리 등도 투과 • 피부 깊숙이 침투하여 진피를 손상	• 여름철에 가장 강하며 일광화상을 발생 • 피부 외부만 손상 • 과다하게 쪼이면 피부암 발생	• UV-A와 UV-B보다 인체에 더욱 치명적임 • 거의 오존층에서 차단 • 최근에는 오존층의 파괴로 조금씩 들어오고 있음
주요 반응	흑화현상 (피부가 검어지는 현상)	홍반현상 (피부가 붉어지는 현상)	심한홍반현상, 유전자 변형
반응별 현상	• 긴 파장의 광선으로 피부 진피까지 침투하여 표피에 있는 엷은 색의 멜라닌 색소를 진한 색의 멜라닌 색소로 변화시켜 피부 흑화를 유발 • 피부의 탄력성을 유지해 주는 콜라겐, 엘라스틴 등과 색소세포에 영향을 주어 잔주름과 탄력저하 등의 피부노화를 가져오며 광과민성 피부병의 발병에 관여	• UV-A에 비하여 짧은 파장의 고에너지 광선으로 단시간에 표피와 진피 상부에 침투하여 피부홍반, 선번, 화끈거림, 물집, 발진 등의 증상이 발생하고 심하면 피부암이 유발됨	• 환경오염으로 인한 오존 파괴로 UV-C가 지표면에 도달하게 되면 세계 인구 중 1/3이 피부암에 걸릴 것이라고 예상 • 현재 적도지방 등 오존층이 파괴된 곳에서는 UV-C가 조금씩이나마 유입

CHAPTER 4

클렌징

1. 색조화장 지우기
2. 클렌징
3. 훼이셜 클렌징
4. 눈썹정리
5. 딥클렌징

1 색조화장 지우기

단원별 핵심 포인트 및 교육목표

- 색조화장 지우는 방법에 따라 클렌저를 메이크업 한 눈과 입술부위에 바르고 순서대로 닦아낼 수 있다.
- 속눈썹 세정 방법에 따라 화장 솜과 면봉의 사용법을 숙지하고 시행할 수 있다.
- 색조화장 마무리 작업으로 잔여물을 확인 후 화장솜과 면봉을 정리할 수 있다.

색조화장 지우기 동작 point make-up cleansing

전용 메이크업 리무버를 사용하여 색조 화장(눈화장, 입술화장)을 지운다.

1. 손을 소독한다.

2. 화장솜과 면봉을 리무버에 묻혀 유리볼에 담아둔다.

3 눈과 입술부위에 화장솜 올리기

화장솜을 눈과 입술에 덮어준다.

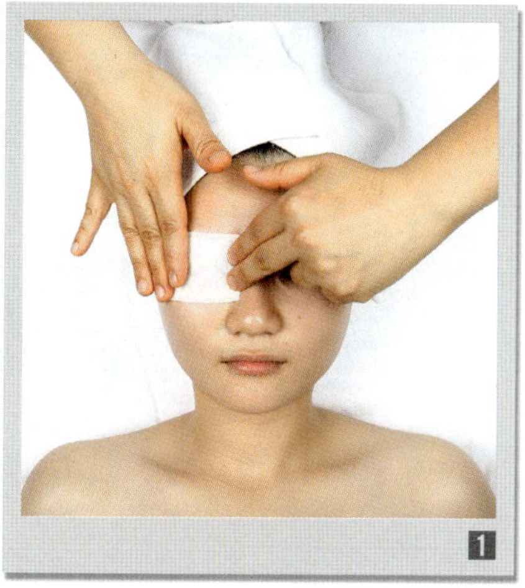

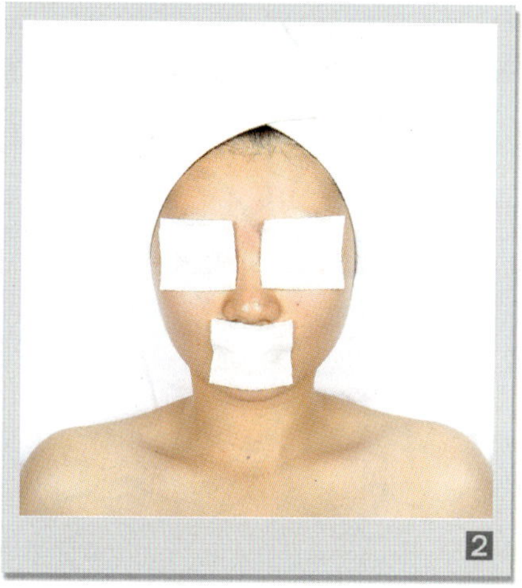

4 눈 전체 메이크업 리무버

지긋이 눌러주면서 눈 전체를 닦아준다.

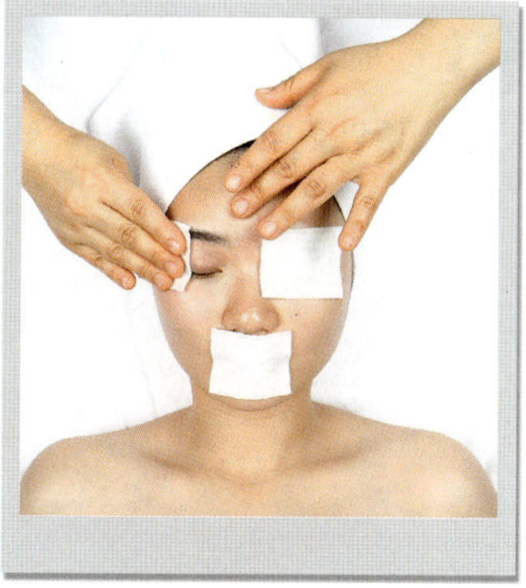

5 눈썹 메이크업 리무버

눈썹 머리쪽에서 꼬리방향으로 닦아준다.

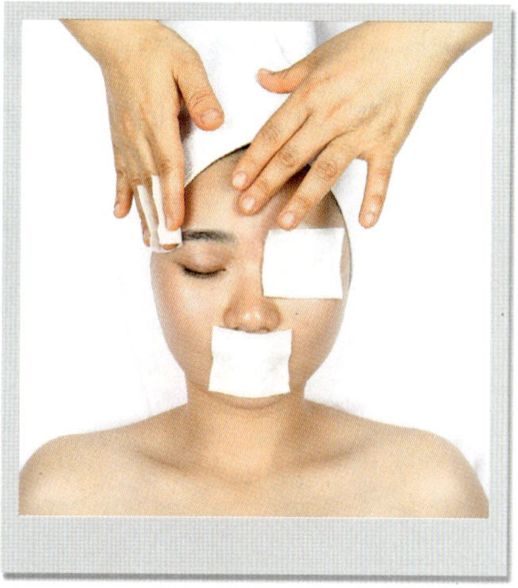

6 섀도우 메이크업 리무버

눈꺼풀 전체를 안쪽에서 눈꼬리 방향으로 닦아준다.

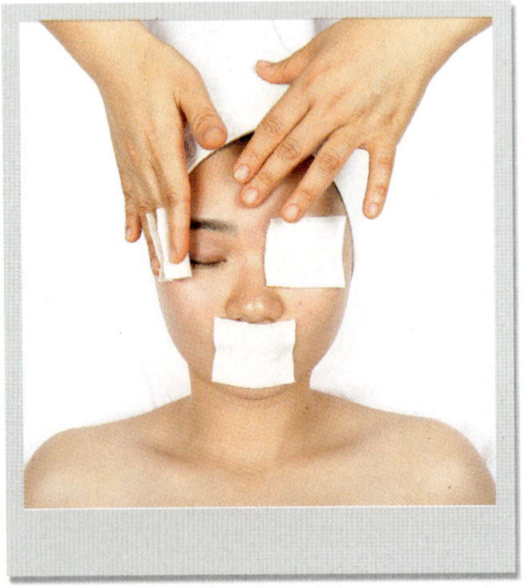

7 마스카라 리무버

면봉을 이용하여 속눈썹 마스카라 부분을 위에서 아래로 닦아준다. 이때 아이라인도 면봉을 이용하여 밖에서 안으로 닦아준다.

8 아이 메이크업 리무버

화장솜 전체 면을 이용해 골고루 닦아준다.

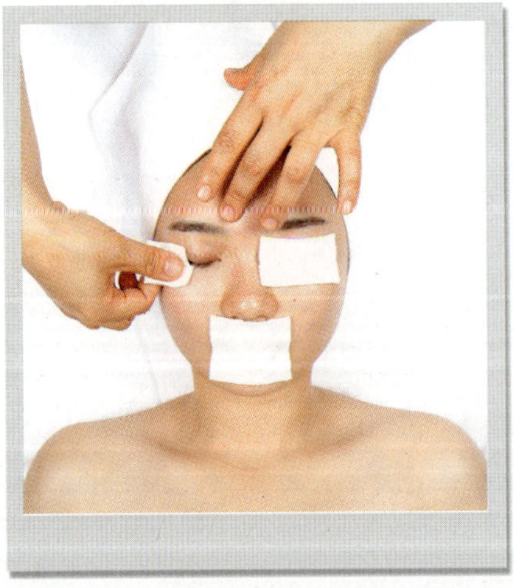

9 왼쪽 눈(4~8번까지)도 오른쪽과 동일하게 실시한다.

10 립 메이크업 리무버 1

입술면을 지긋이 눌러주면서 닦아준다.

11 립 메이크업 리무버 2

윗입술을 위에서 아래로 닦아준다.

아랫입술을 아래에서 위로 닦아준다.

1

2

12 입술 사이 닦기

면봉을 이용하여 입술의 미세한 면을 닦아준다.

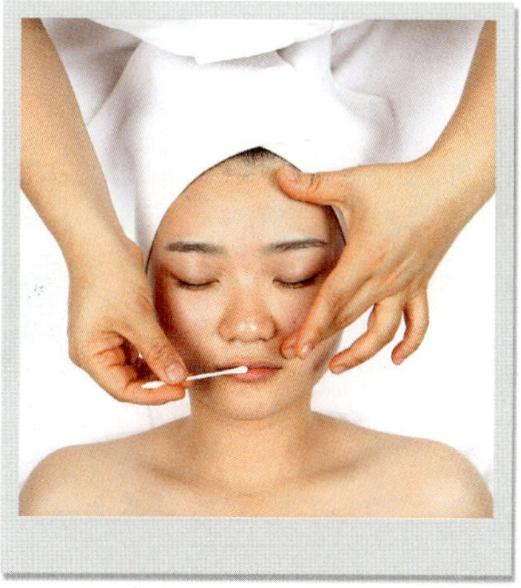

13 입술 마무리 리무버

입술면을 지긋이 눌러주면서 골고루 닦아준다.

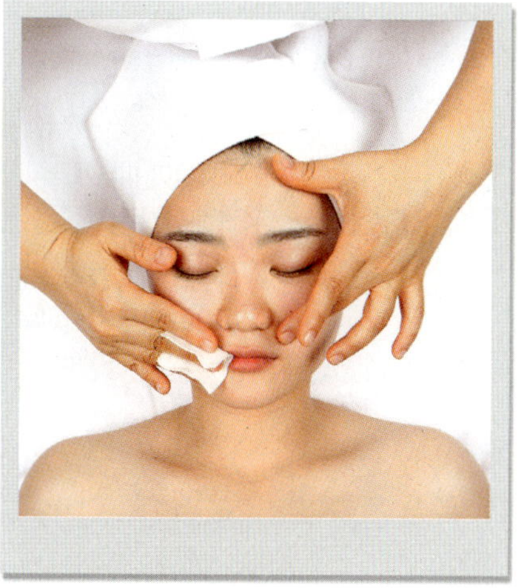

2 클렌징

단원별 핵심 포인트 및 교육목표

- 피부의 세정과정으로 1차적으로 피부에 묻어 있는 피지, 땀, 먼지, 메이크업 등의 더러움을 제거할 수 있다.
- 피부의 위생상태를 유지한 후 2차적으로 죽은 각질세포, 모공 속 깊이 있는 유성노폐물을 제품과 이용기기를 사용하여 제거할 수 있는 능력을 갖출 수 있다.

클렌징의 목적

스킨케어(skin care)를 시작할 때 가장 먼저 피부의 오염물질을 닦아내는 과정으로 피부를 청결하게 한다.

클렌징의 역할은 피부 표면에 있는 피지와 땀 등의 분비 노폐물, 유성성분의 메이크업 잔여물, 공기 중의 오염물질 등으로 더럽진 피부의 노폐물을 제거하여 피부의 신진대사와 생리기능을 촉진시키며 다음 단계의 피부관리 효율성을 높여준다.

클렌징은 스킨케어의 첫 과정이며 또한 가장 중요한 과정이며 피부 유형에 따라 클렌징 방법과 제품을 선택해야 한다.

Tip

만약 클렌징을 제대로 하지 못하면 어떻게 될까요?

- 노폐물이 피부에 남아 있으면 정상적인 분비작용의 방해로 모공이 막혀 여드름이나 피부 트러블의 원인이 된다.
- 피부의 피지 등 유성물질의 노폐물은 공기중에 산화가 되면 과산화지질이 된다. 이것이 바로 노화피부의 원인이 된다.

클렌저의 종류

1 포인트 클렌징 리무버 point cleansing remover

- 눈과 입술 화장을 지울 때 자극없이 지울 수 있다.
- 눈물과 비슷한 pH를 가지고 있어 눈에 들어가도 따가움 및 자극이 없다.
- 건성피부는 보습제를 첨가한 유성성분의 리무버를 사용하고, 지성피부는 수성제품이 적합하다.

2 클렌징 밀크 cleansing milk

- 친수성 에멀션(O/W, water in oil)으로 이중 세안이 필요 없다.
- 건성, 노화, 민감성 피부 등 모든 피부타입별 사용이 가능하다.
- 물에 쉽게 제거되어 피부 자극이 적다.
- 세정력은 약하므로 두터운 화장을 한 경우 깨끗이 지우기 어렵다.

3 클렌징 크림 cleansing cream

- 친유성 에멀션(W/O, oil in water)으로 진한 메이크업을 지우는데 적합하다.
- 반드시 비누나 클렌징 폼을 이용하여 이중세안이 필요하다. 세안 후 잔여물이 피부에 남을 경우 트러블의 원인이 된다.
- 여드름피부, 지성피부, 예민피부에는 적합하지 않다.

4 클렌징 오일 cleansing oil

- 친수성 오일형태로 물에 쉽게 용해된다.
- 건성피부, 노화피부에 적합하다.

5 클렌징 워터cleansing water

- 가벼운 화장을 제거하는데 적합하다.
- 워터타입으로 청량감과 산뜻한 느낌을 부여한다.

6 클렌징 젤cleansing gel

- 친수성 형태로의 젤 타입으로 피부에 청량감과 산뜻함을 부여한다.
- 지성피부, 예민피부에 적합하다.
- 클렌징 효과는 약하나 물에 잘 용해되고 사용 후 끈적임이 없다.

7 클렌징 폼cleansing form

- 계면활성제형으로 거품생성능이 좋고 사용하기도 편리하다.
- 약산성에서 알카리성까지 선택의 폭이 넓다.

화장수의 종류

1 유연화장수

- 스킨로션(skin lotion), 스킨소프너(skin softner), 스킨토너(skin toner) 등으로 부른다.
- 피부에 수분을 보충하여 보습 효과를 높여 피부를 유연하고 매끈하게 만든다.

2 수렴화장수

- 아스트린젠트(astringent), 토닝 로션(toning lotion)이라 부른다.
- 각질층에 수분공급, 모공수축, 피부결 정리, 피지분비를 억제하는 작용을 한다.
- 세균으로부터 피부를 보호하고 소독해 주는 작용이 강하다.

클렌징의 단계

1 포인트 메이크업 클렌징point make-up cleansing

자극이 없는 전용색조화장 리무버를 사용하여 눈화장과 입술화장을 지운다.

2 훼이셜 클렌징facial cleansing

피부 표면에 있는 노폐물과 메이크업화장 등을 가볍게 2~3분 정도 핸드링을 하면서 제거한다. 피부유형과 화장의 정도에 따라 적합한 클렌징제품을 사용하는 것이 중요하다.

3 화장수 정리

화장수를 이용해 피부 정돈하고, 수분을 공급하며 클렌징의 마지막 단계로 세안 후 남은 잔여물과 노폐물을 제거하고 pH 밸런스를 맞추어 준다.

3 웨이셜 클렌징

단원별 핵심 포인트 및 교육목표

- 화장품 성분에 대한 지식을 이해하고 피부상태에 따라 클렌징 방법과 제품을 선택할 수 있다.
- 클렌징 방법을 이해하고 클렌징 제품을 얼굴, 목, 가슴에 도포하여 순서에 맞게 연결동작으로 시행할 수 있다.
- 마무리를 위하여 온 습포, 면 패드, 티슈 등으로 잔여물을 닦아낸 후 토너로 피부를 정리할 수 있다.

웨이셜 클렌징 동작

눈과 입술을 제외하고 피부 유형에 맞는 클렌징을 선택하여 테콜데와 목, 얼굴부위에 가볍게 2~3분 정도 핸드링을 하면서 노폐물을 제거한다.

1 유리볼에 클렌징을 덜어준다.

2 클렌저 도포 동작 1

가슴, 목, 얼굴부위에 클렌저를 도포한다.

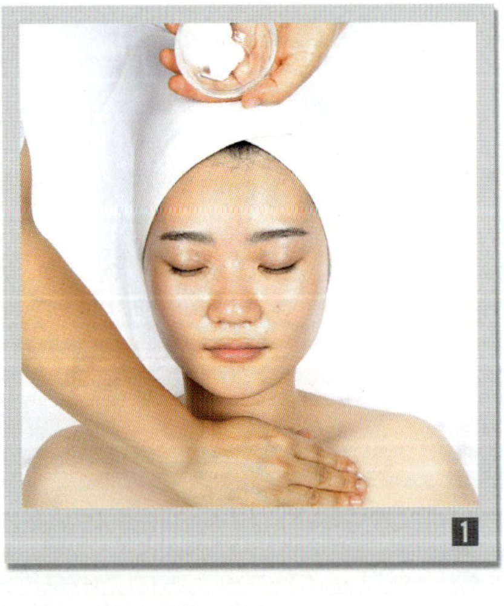
1

2

3 클렌저 펴바르기

① 가슴, 목부위의 클렌저를 펴 바른다.

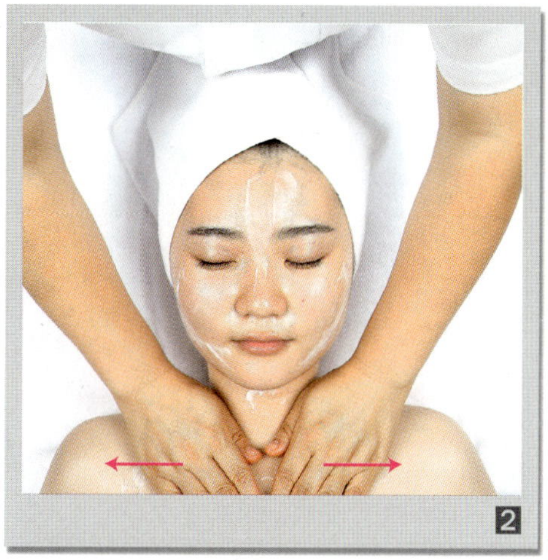

3 계속

② 볼, 코, 이마부위의 클렌저를 펴 바른다.

1

2

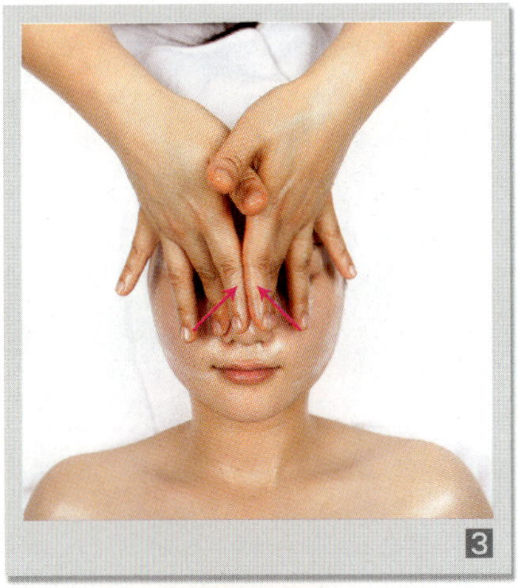
3

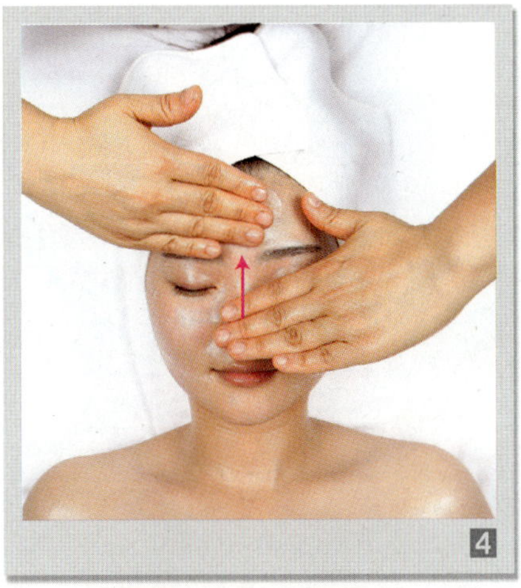
4

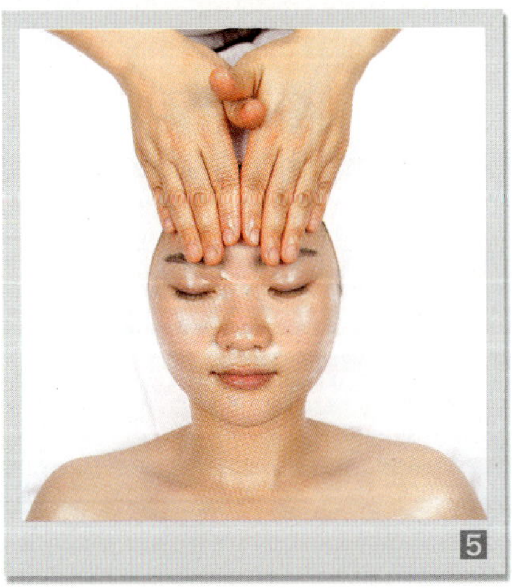
5

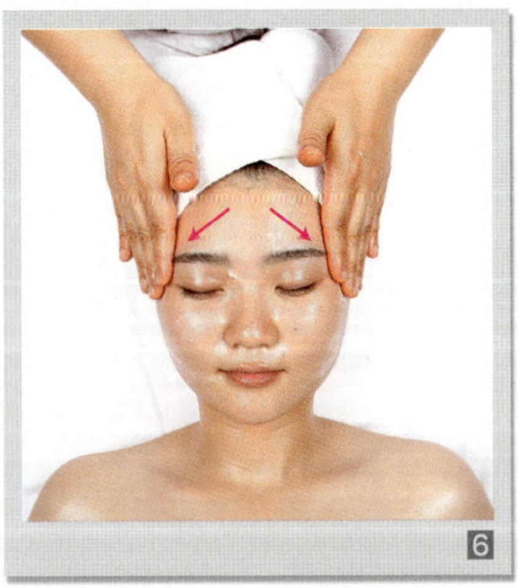
6

4 데콜테를 쓸어주기

양손 교대로 데콜테를 횡으로 쓸어준다.

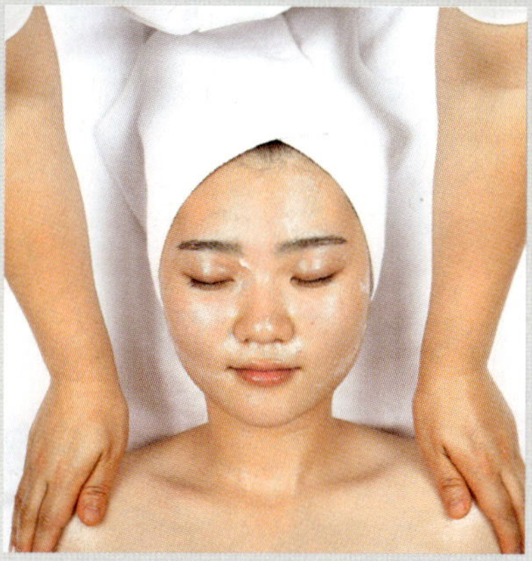

1

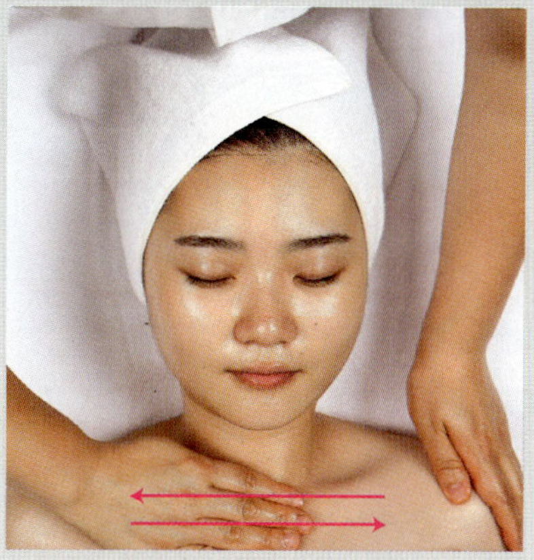

2

5 데콜테 쓰다듬기

데콜테 중앙에서 액와방향으로 원을 그리며 쓰다듬기한다.

1

2

6. 목부위 쓰다듬기

양손을 교대로 아래에서 위로 쓰다듬기를 한다.

7. 턱선부위 쓰다듬기

양손을 교대로 턱선을 쓸어준다.

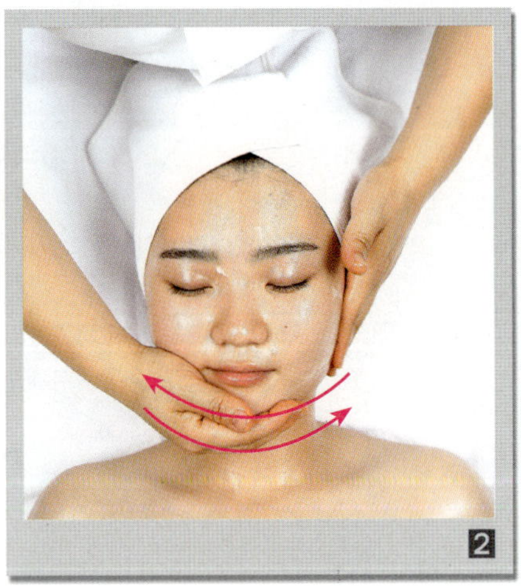

8 턱부위 문지르기

엄지로 원을 그리며 문지른다.

9 구륜근(입둘레근) 문지르기

턱에서 인중 사이를 반원을 그리며 문지른다.

10 볼부위 3단계로 문지르기

① 턱에서 귀쪽을 향하여 원을 그리며 문지른다.

② 입꼬리에서 귀 뒤쪽을 향하여 원을 그리며 문지른다.

③ 콧망울에서 눈꼬리를 향하여 원을 그리며 문지른다.

1

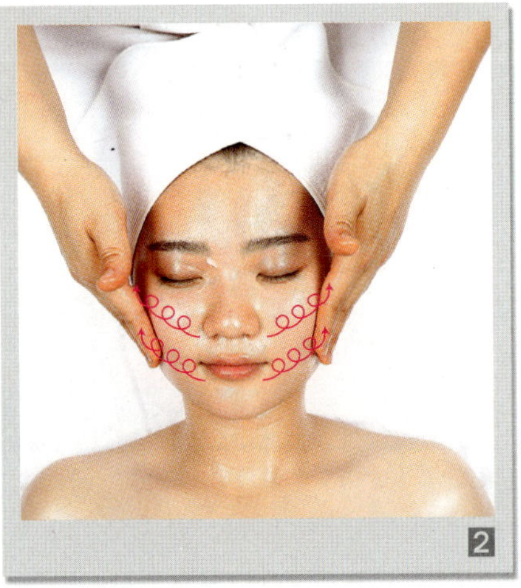

2

11 콧망울부위 문지르기

중지를 사용하여 콧방울에 원을 그리며 문지른다.

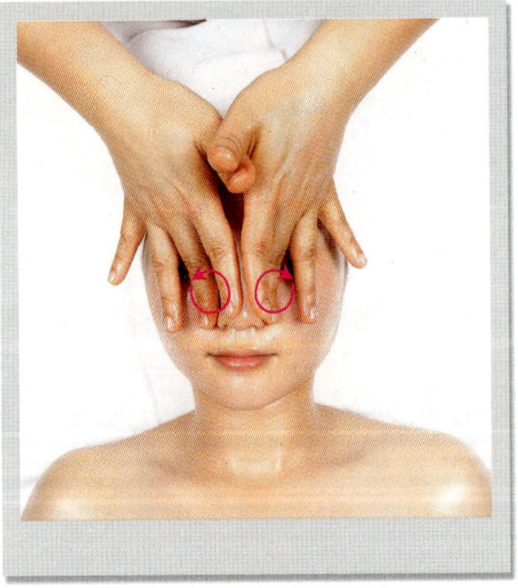

12 코벽부위 문지르기

가볍게 원을 그리며 코벽을 문지른다.

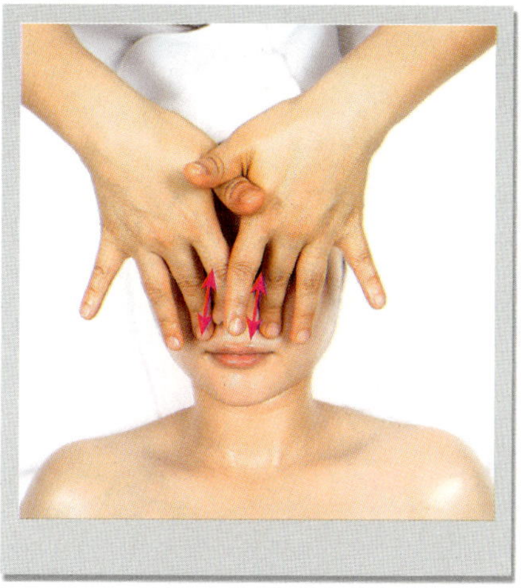

13 콧등부위 쓰다듬기

네 손가락으로 양손을 교차하며 쓸어내린다.

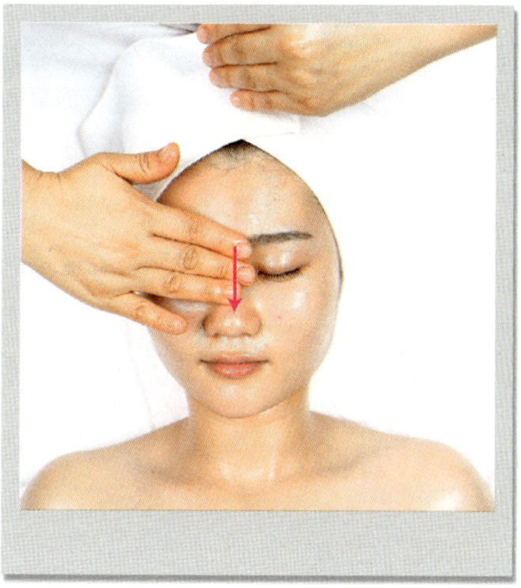

14 이마부위 문지르기

이마부위에 가볍게 원을 그리며
바깥방향으로 문지른다.

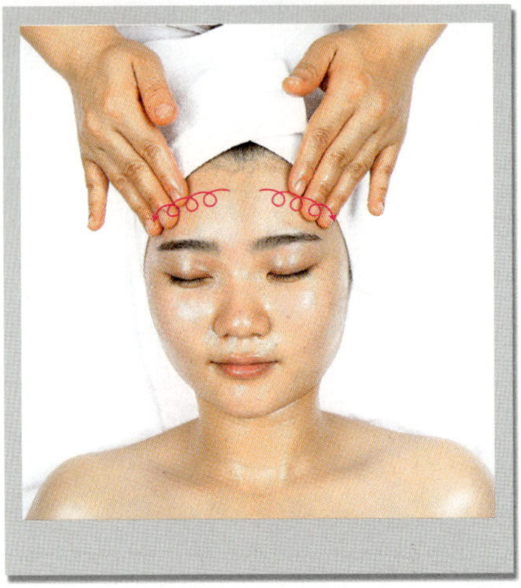

15 이마부위 쓸어주기

양손을 교대로 이마를 가로로 쓸어준다.

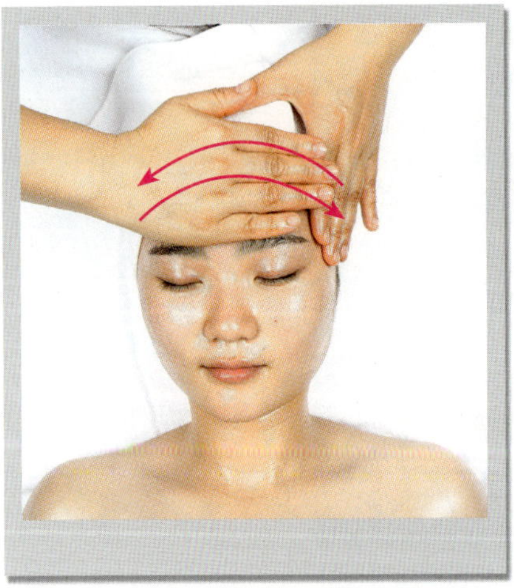

16 관자놀이에서 마무리

티슈 동작

1 티슈로 얼굴 윗부분을 가볍게 눌러준다.

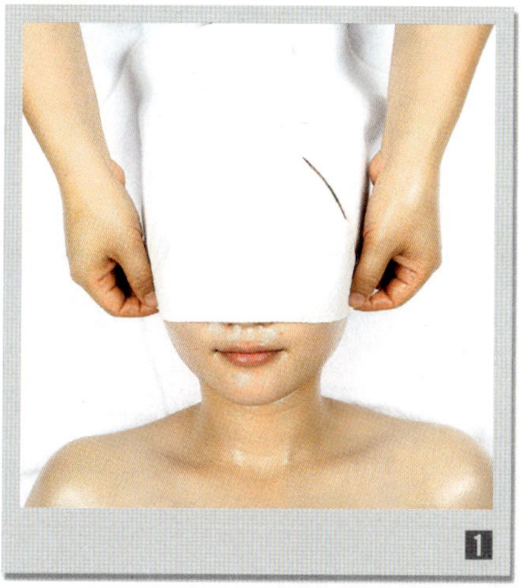

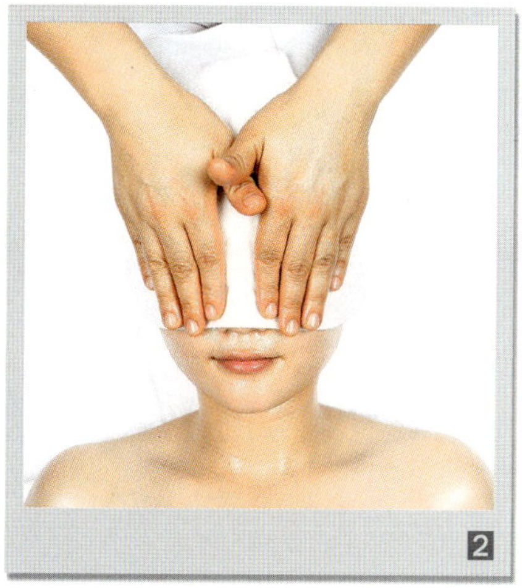

2 티슈로 얼굴 아랫부분을 가볍게 눌러준다.

3 목부위를 가볍게 눌러준다.

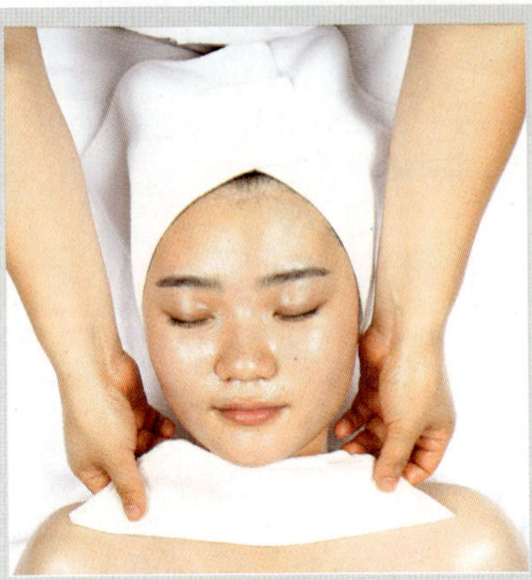

1

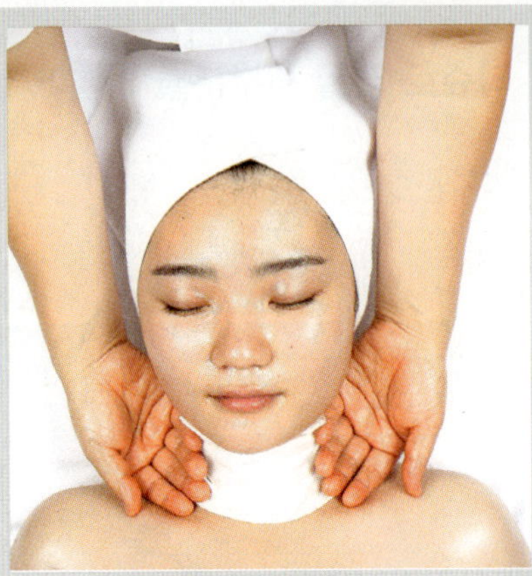

2

4 데콜테를 가볍게 눌러 준다.

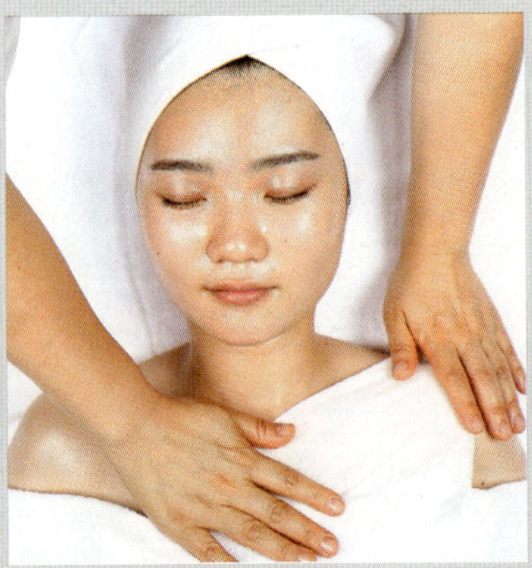

1

2

해면Sponge 동작

클렌징 후 해면을 이용하여 이물질을 닦아낸다.

1 눈두덩부위 닦아주기

양손으로 눈 안쪽에서 바깥방향으로 가볍게 눌러서 닦는다.

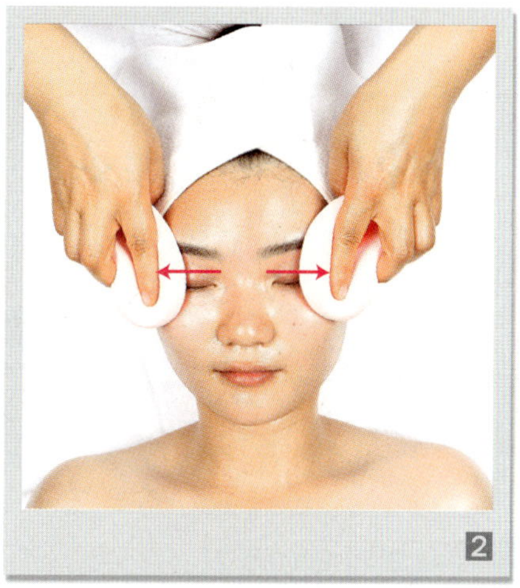

2 눈썹부위 닦아주기

양손으로 눈썹 안쪽에서 바깥방향으로 가볍게 눌러서 닦는다.

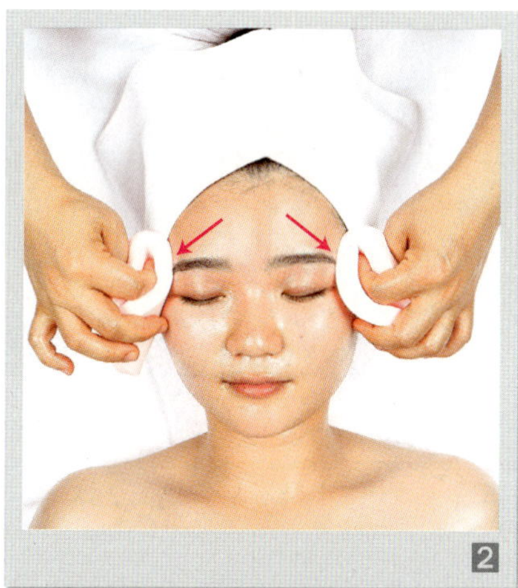

3 이마부위 닦아주기

양손으로 이마를 2부분으로 나누어서 중앙에서 관자놀이까지 가볍게 눌러서 닦아준다.

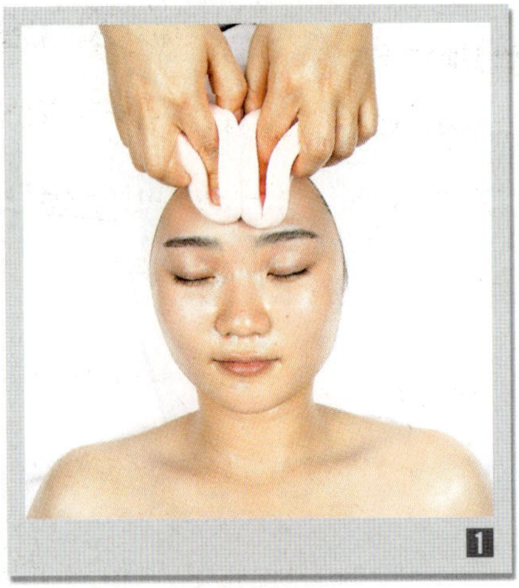

4 콧등부위 닦아주기

양손을 교대로 콧등을 올려서 닦아준다.

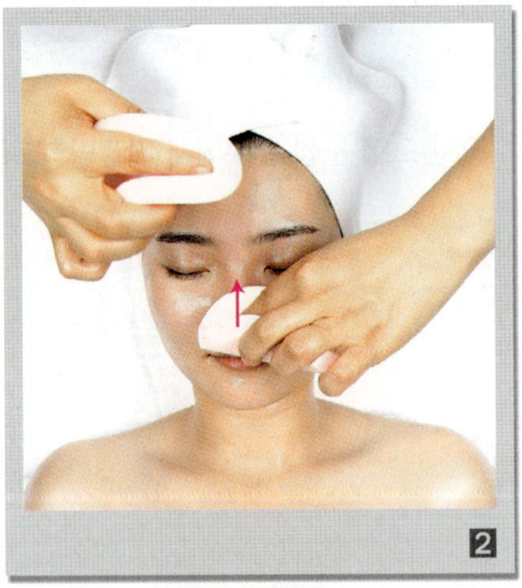

5 콧망울부위 닦아주기

양손으로 콧망울과 코벽쪽을 닦아준다.

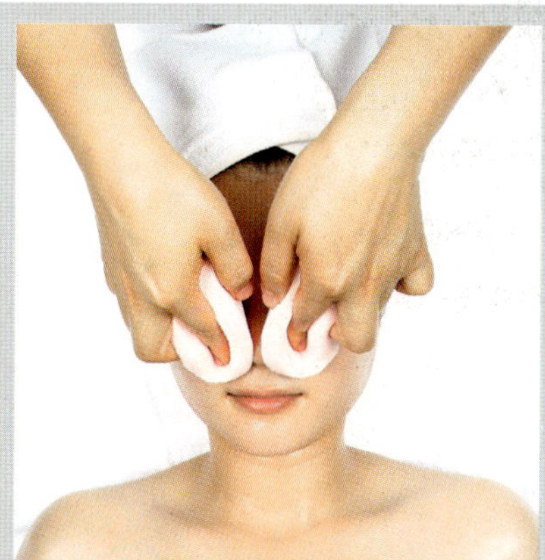

1

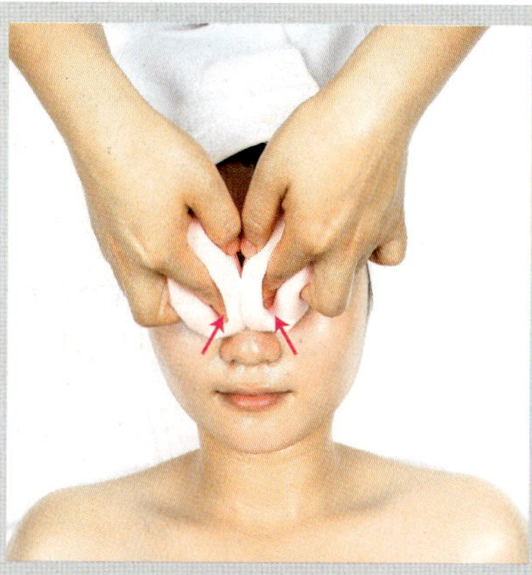

2

6 인중부위 닦아주기

양손으로 인중을 좌 · 우 교대로 닦아준다.

1

2

7 턱 중앙(이근)부위 닦아주기

양손으로 턱 중앙을 좌 · 우 교대로 닦아준다.

8 볼부위 닦아주기

양손으로 볼을 3부분으로 나누어서 바깥방향으로 닦아준다.

① 콧망울에서 관자놀이

8 계속

② 입술 끝에서 귀 밑

③ 턱 중앙에서 귀끝

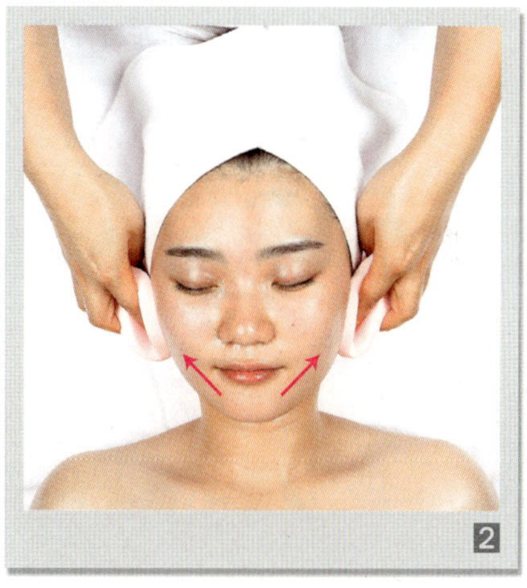

9 턱선부위 닦아주기

양손으로 좌 · 우 교대로 턱선 전체를 닦아준다.

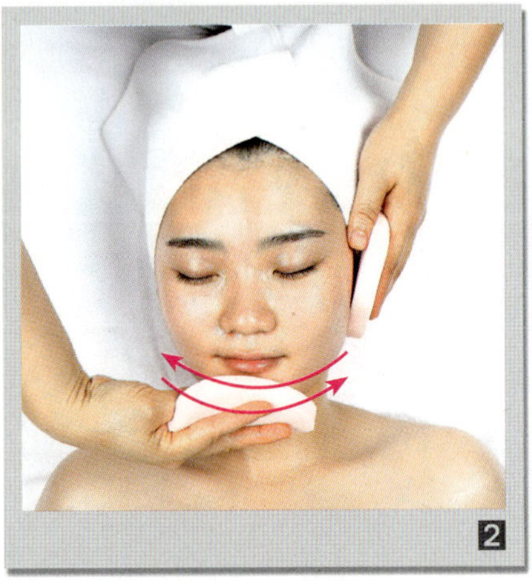

10 목부위 닦아주기

양손을 교대로 목을 아래에서 위로 닦아준다.

11 데콜테부위 닦아주기

양손으로 가슴 중앙에서 액와방향으로
데콜테부위를 닦아준다.

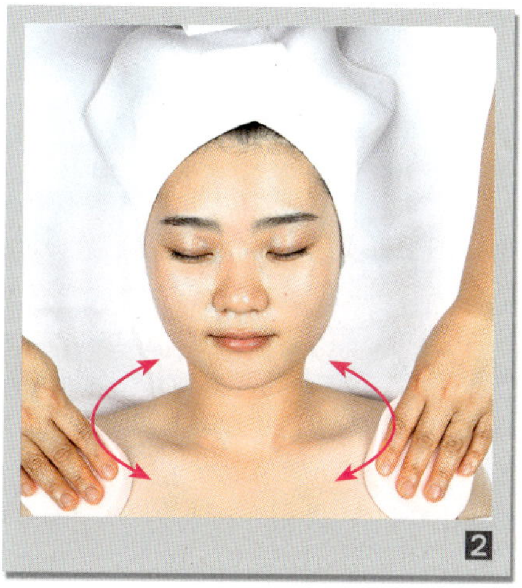

습포 동작

- 온습포 피부 적용시 혈액순환과 모공을 확장시켜 화장품의 잔여물과 노폐물 제거에 용이하다.
- 냉습포 피부 적용시 혈관과 모공을 수축하여 피부 진정과 수렴 효과가 있다.

1 습포 온도를 손으로 알맞게 조절한다.

2 얼굴 위에 습포를 올린다.

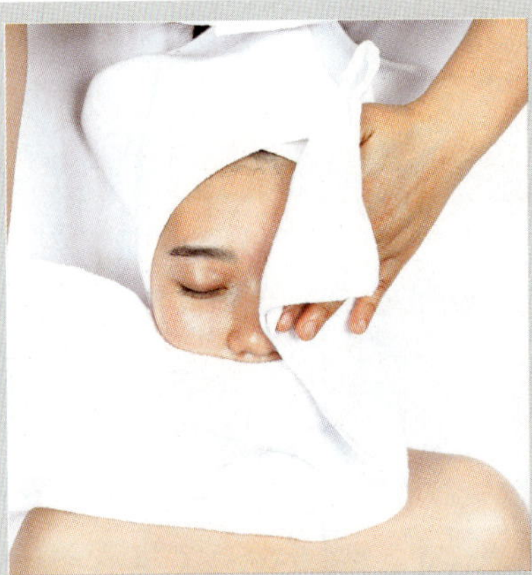
1

2

3 볼부위와 이마, 턱부위를 가볍게 눌러준다.

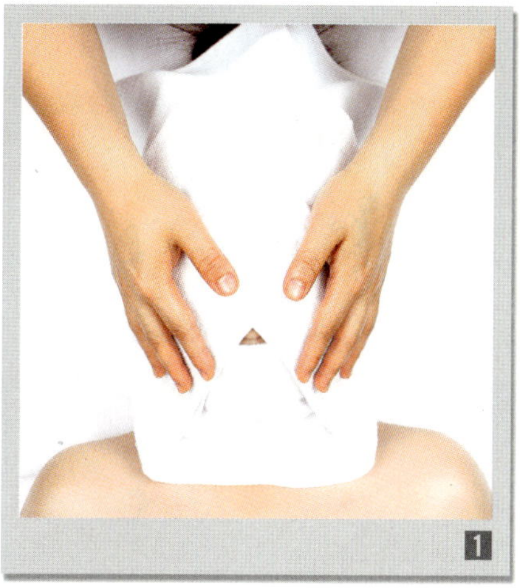

4 눈두덩부위 닦아주기

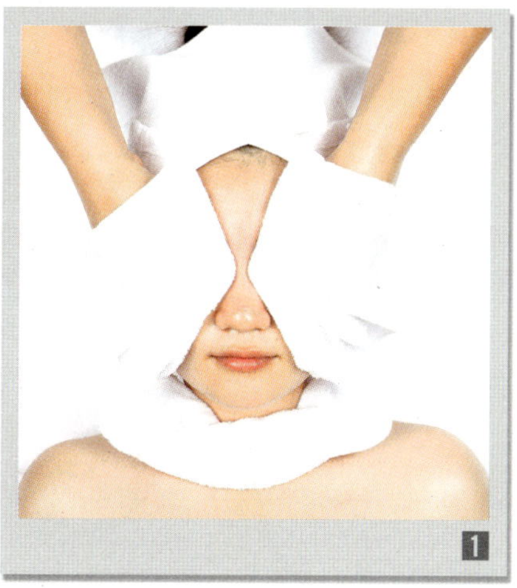

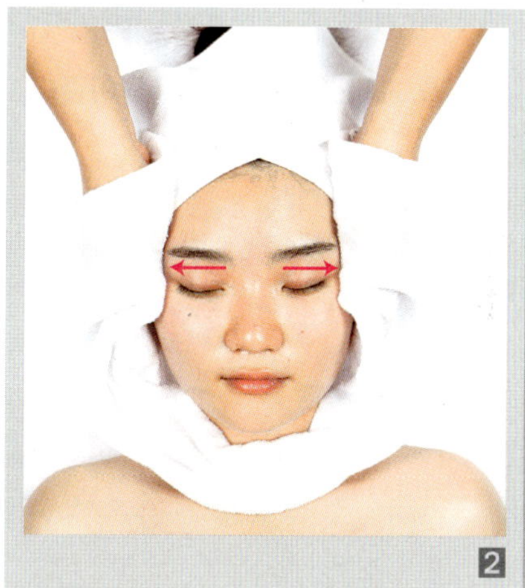

5 이마부위 닦아주기

이마를 3부분으로 나누어 닦아준다.

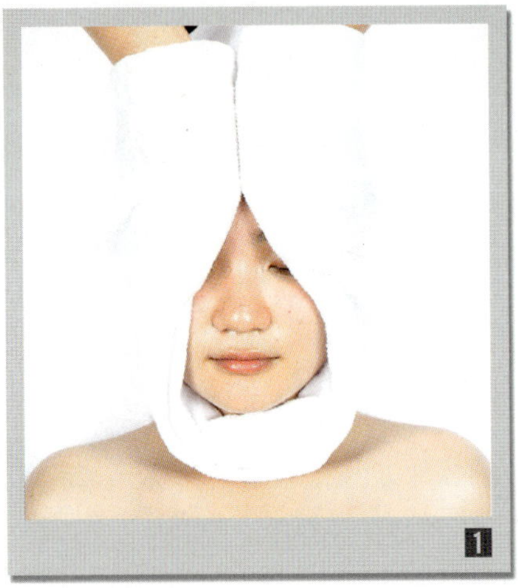

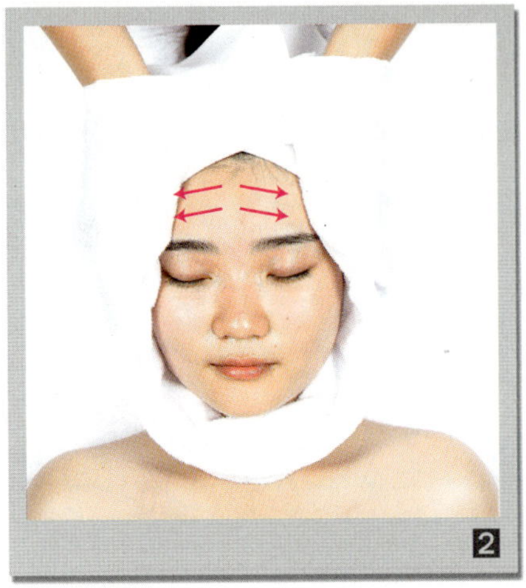

6 콧등부위와 콧망울부위 닦아주기

양손을 교대로 콧등부위를 닦아준다.

7 인중부위와 턱부위 닦아주기

횡으로 닦아준다.

1

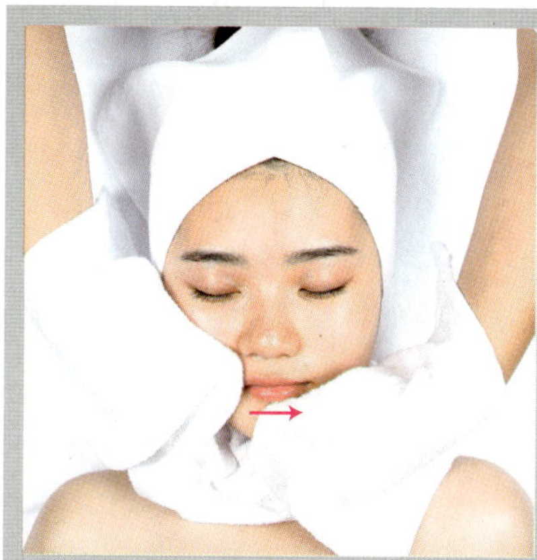

2

8 볼부위 닦아주기

볼을 2부분으로 나누어 닦아준다.

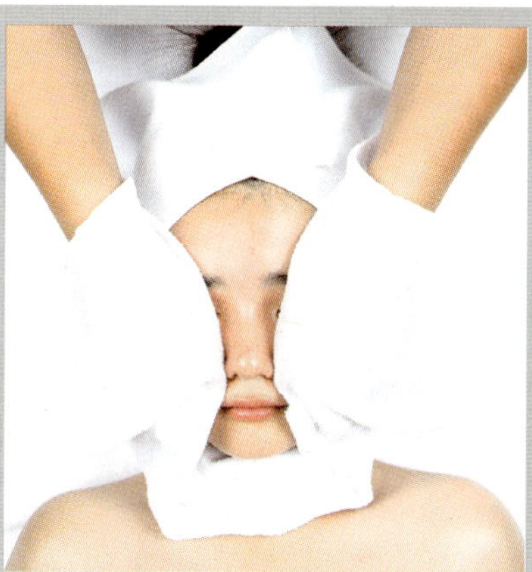

1

2

9 오른쪽 목, 데콜테부위 닦아주기

목부위를 2부분으로 나누어 닦아준다.

가슴중앙에서 액와방향으로 데콜테 부분을 닦아준다.

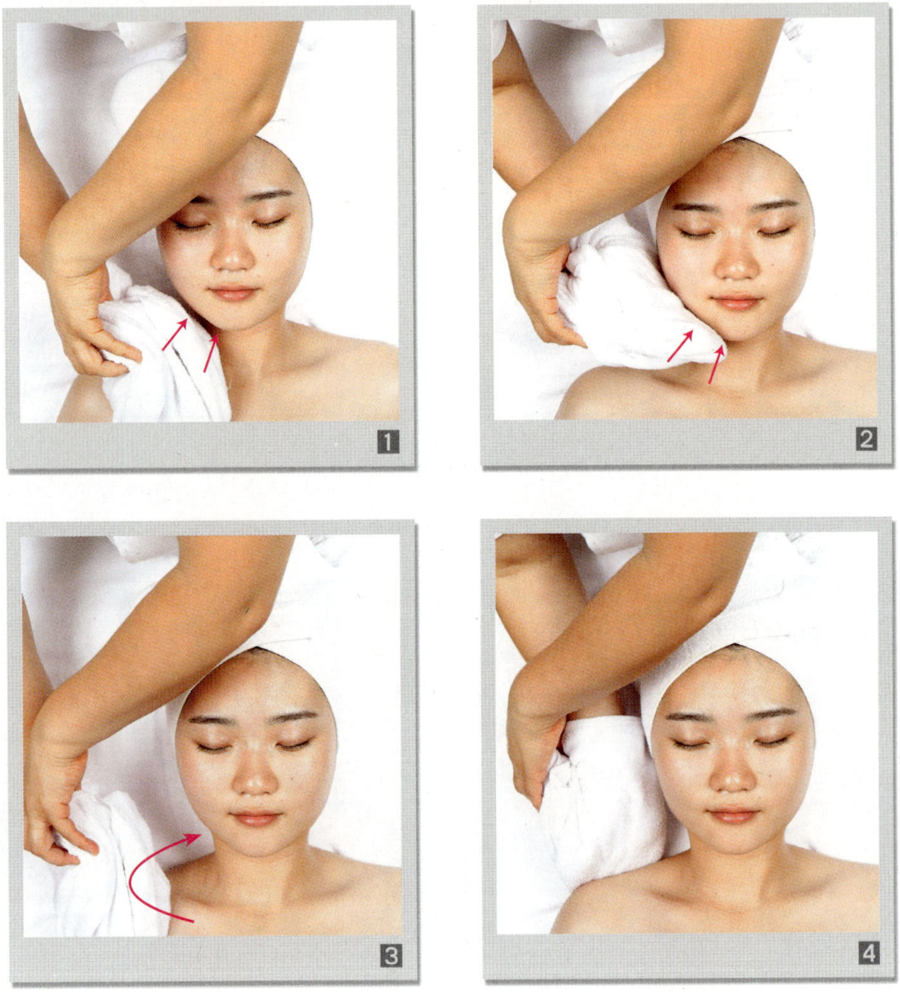

10 왼쪽 목, 데콜테부위 닦아주기

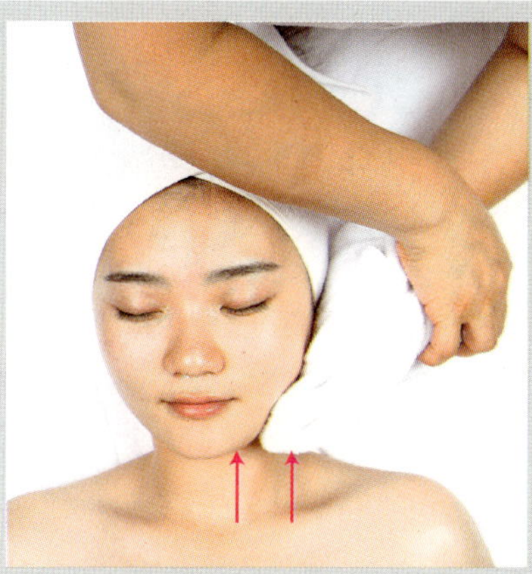

1

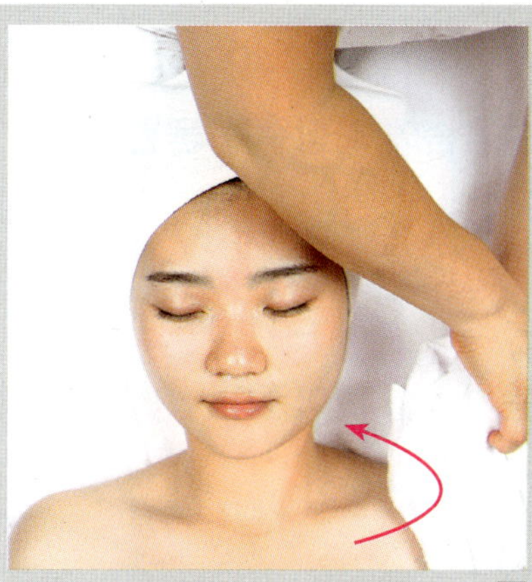

2

화장수 마무리 동작

피부의 pH 균형을 맞추어 주고 피부정돈과 보습 등 피부결을 정돈하여 준다.

1. 화장솜에 화장수를 묻힌다.

2. 눈부위를 닦아준다.

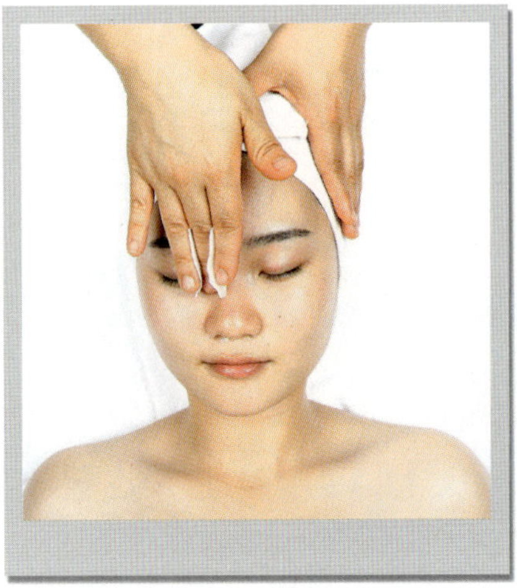

③ 볼부위 닦아주기

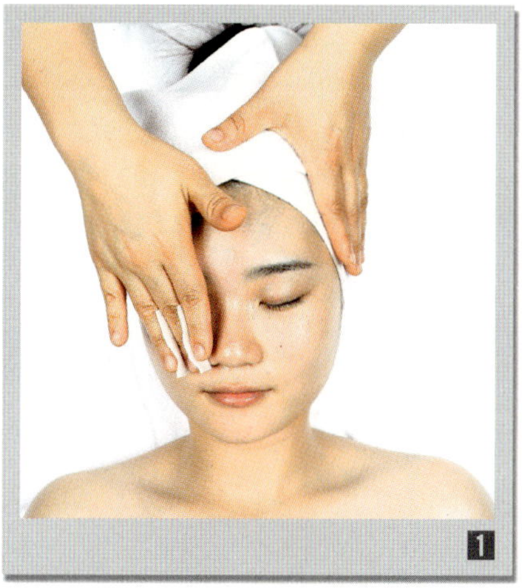

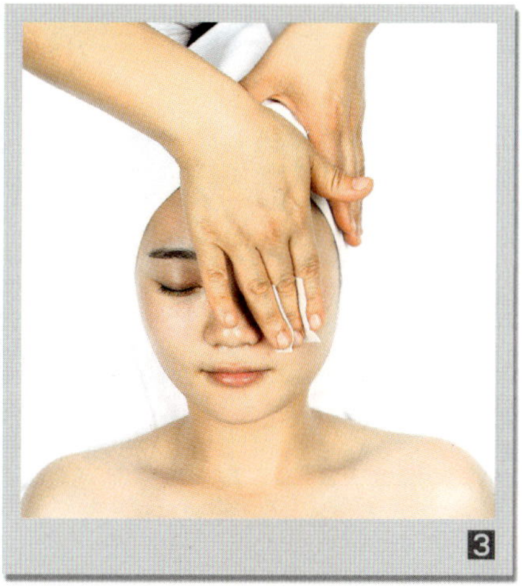

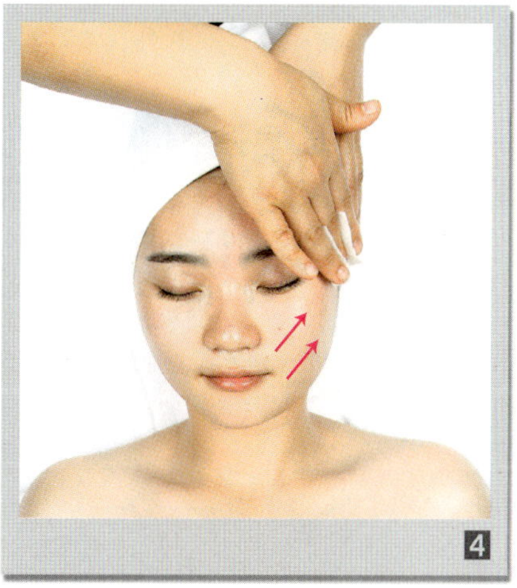

4 이마부위를 위로 닦아준다.

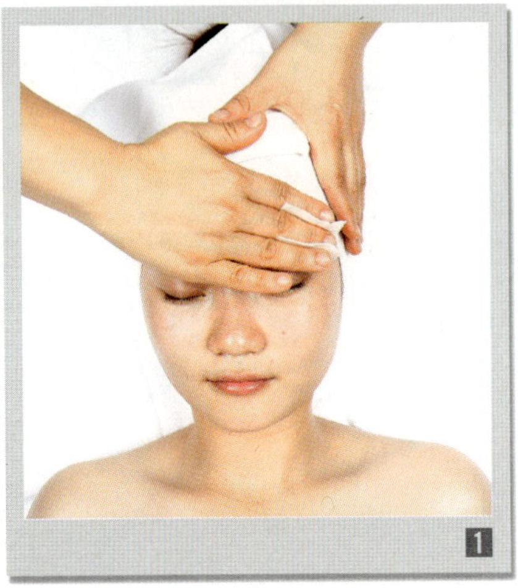

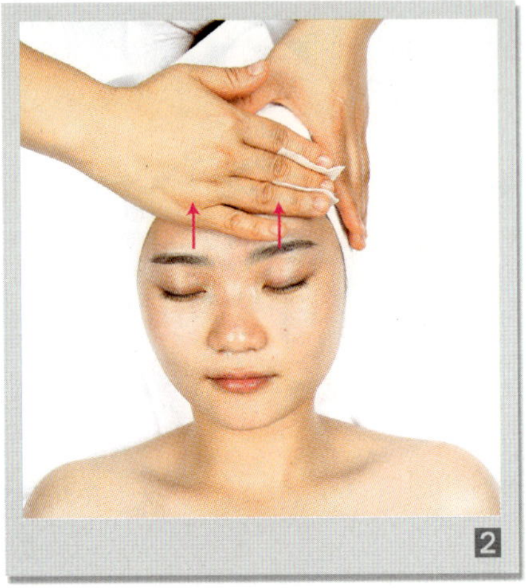

5 콧등, 콧망울, 인중, 턱(이근)부위를 닦아준다.

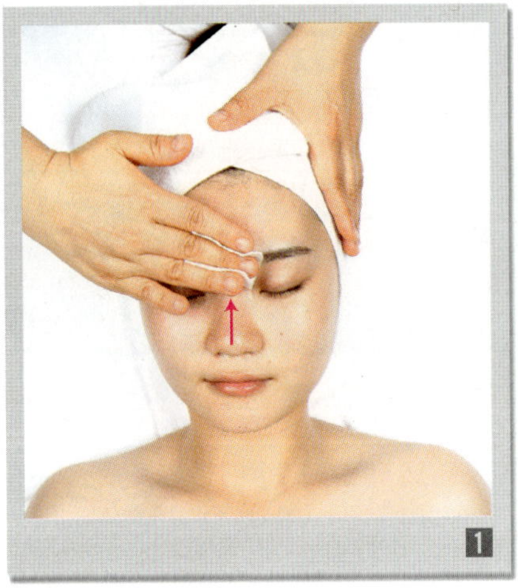

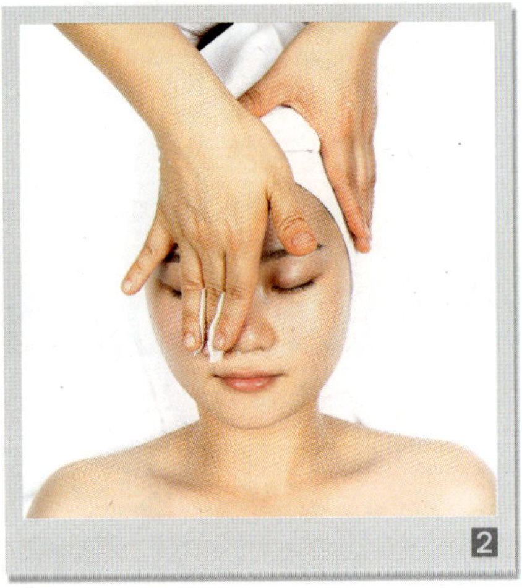

5 계속

6 목부위 닦아주기

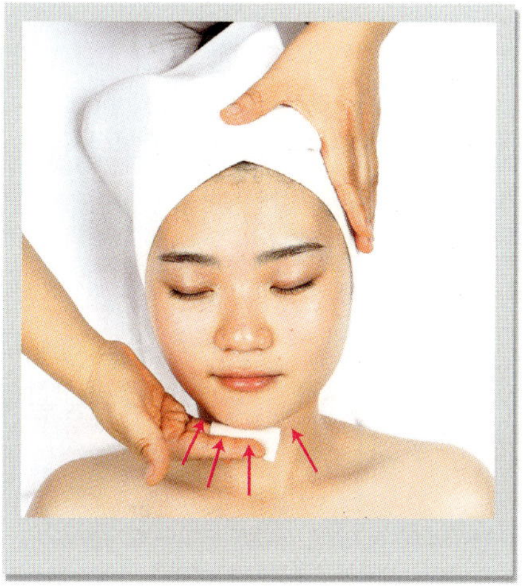

7 데콜테부위를 횡으로 닦아준다.

4 눈썹정리

단원별 핵심 포인트 및 교육목표

- 눈썹의 모양은 유행에 매우 민감한 부위이므로 얼굴의 크기, 형태와 이미지를 고려하여 정리할 수 있다.
- 반영구적인 정리 혹은 일시적인 정리를 할 것인가 결정할 수 있다.
- 정리하기 위한 도구를 결정하고 행할 때는 피부에 자극이 덜 가도록 유의할 수 있다.
- 눈썹정리를 행할 수 있다.

얼굴형에 맞는 눈썹모양을 만들고 보기에 아름답게 눈썹을 정리한다. 눈썹정리는 반영구적 방법과 일시적 정리 방법이 있다. 정리 후에는 피부의 자극을 줄이기 위해 피부 진정용 제품을 사용하여야 한다.

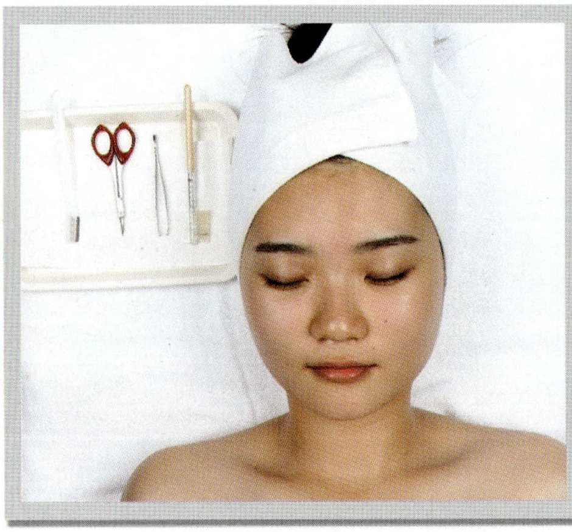

준비물

눈썹 브러시

눈썹 가위

족집게

눈썹 칼

진정용 수딩 젤

소독약

1 눈썹도구를 소독한다.

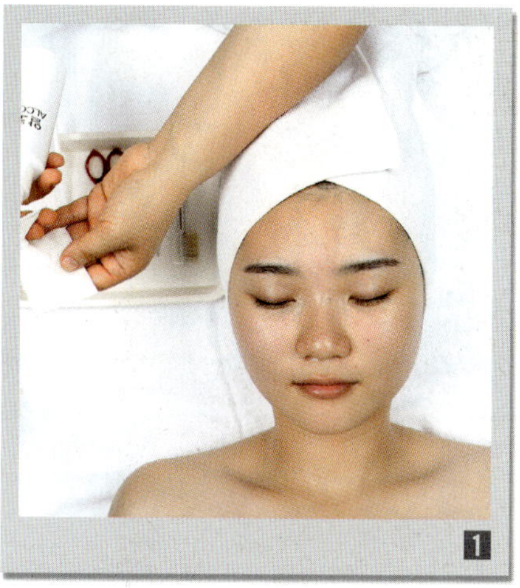

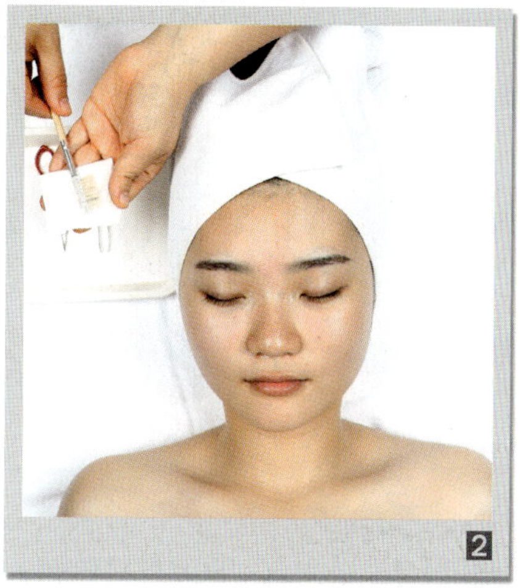

2 눈썹부위를 소독한다.

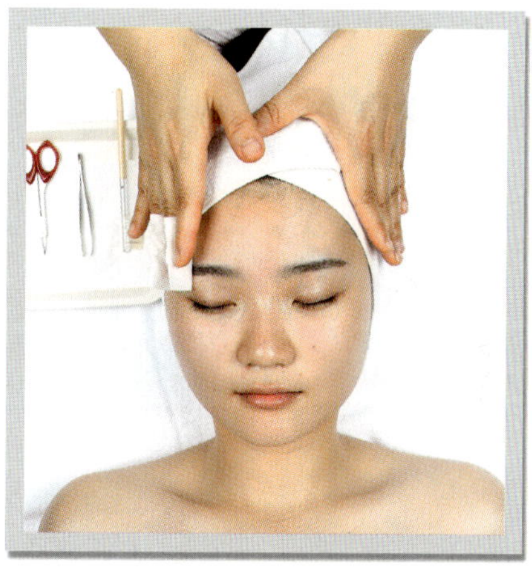

3 브러시를 사용해 눈썹을 정리한다.

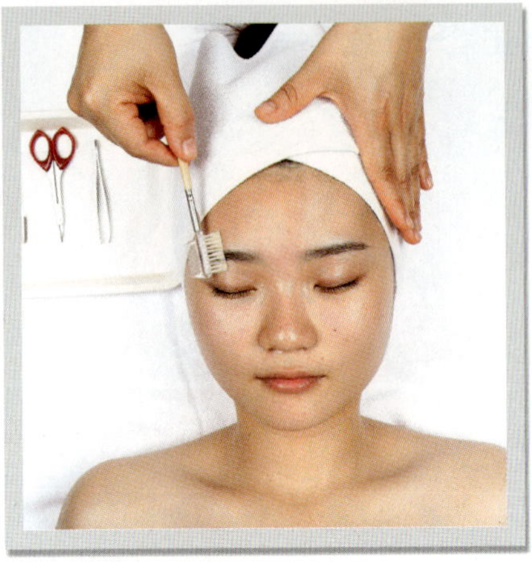

4 브러시와 눈썹용 가위를 사용해 눈썹 길이를 잘라낸다.

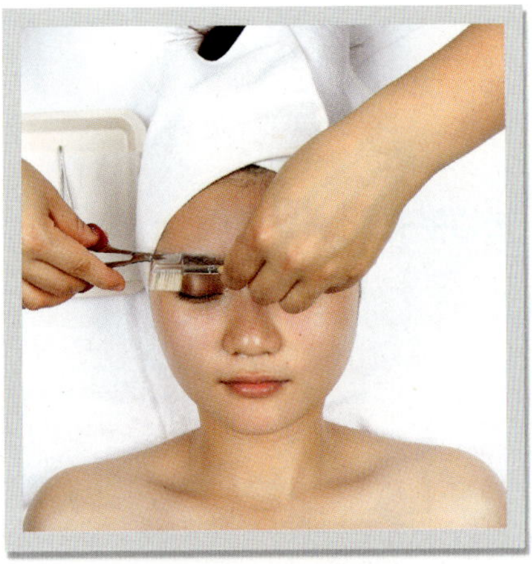

5 핀셋으로 눈썹을 정리한다.

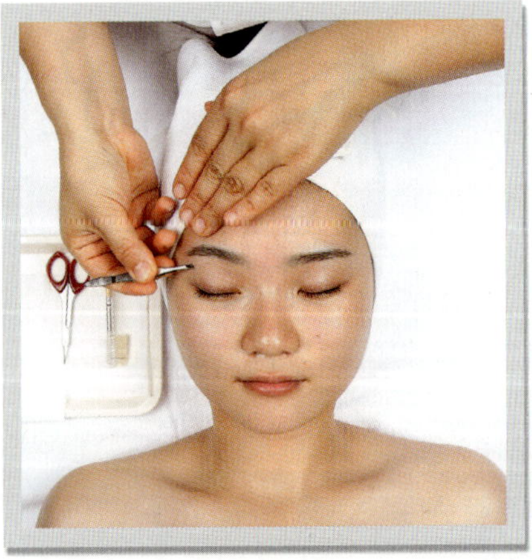

6 눈썹 칼로 정리한다.

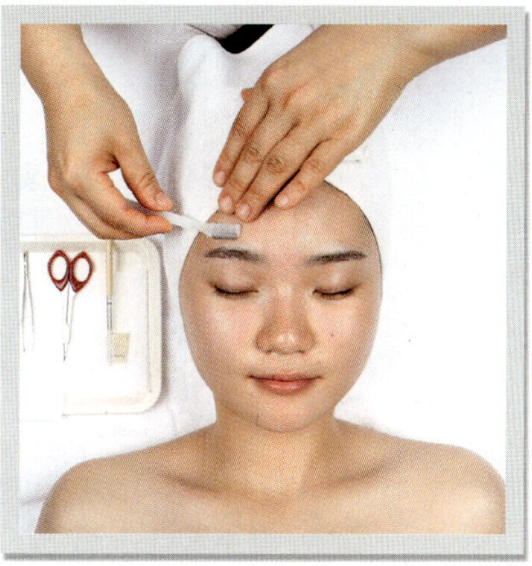

7 진정용 젤을 눈썹부위에 바른다.

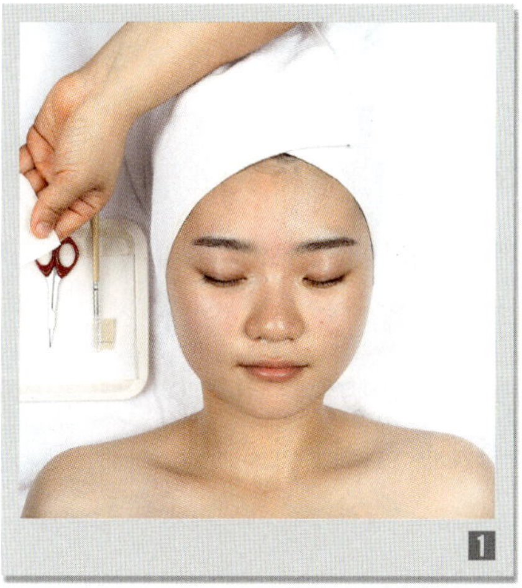

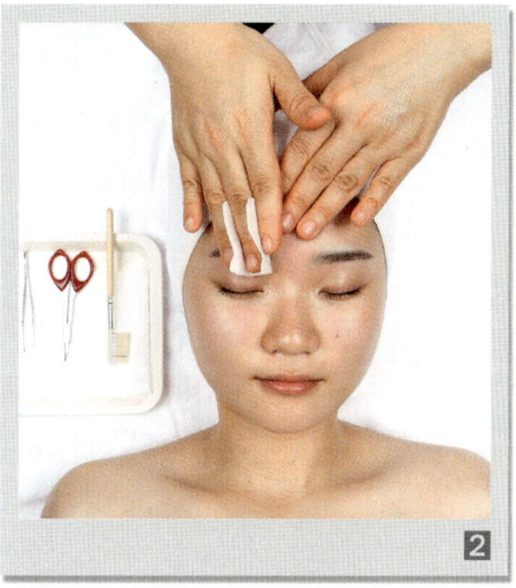

5 딥클렌징

단원별 핵심 포인트 및 교육목표

- 피부의 생리 및 각화현상에 대한 지식을 바탕으로 피부 생리에 맞게 시행할 수 있다.
- 각질제거의 필요성과 효과에 대한 지식과 금기사항을 습득하고 시술을 시행할 수 있다.
- 화학적인 각질제거 방법의 지식을 바탕으로 효소와 천연산을 이용하여 시행할 수 있다.
- 물리적인 각질제거 방법의 지식을 바탕으로 살구씨, 아몬드, 고령토를 이용하여 시행할 수 있다.

딥클렌징(deep cleansing)은 과각화된 각질과 모공속 피지를 제거하여 정상적인 피부 신진대사를 도와주는 과정이다.

피부 표면을 매끈하게 해주고 혈색을 맑게 하며, 다음 관리의 유효성분 침투를 촉진시켜준다. 과각화된 각질을 제거함으로서 피부의 재생을 도와준다. 딥클렌징은 피부의 유형에 따라 주 1~2회 정도 실시한다.

딥클렌징의 종류로는 고마쥐(gommage), 스크럽(scrub), 효소(euzyme), AHA 딥클렌징이 있으며 피부 유형에 따라 선택하여 시술한다.

고마쥐 gommage

손을 이용하여 물리적으로 밀어내면서 각질을 제거시켜주는 방법으로 제거시 제품이 눈, 코, 입에 들어가지 않도록 주의하면서 시술한다. 홍반피부, 모세혈관 확장 피부, 화농성 여드름 피부에는 적용하지 않는다.

너무 강하게 밀어내지 않도록 하며, 제거 시 가루가 눈, 코, 입, 귀에 들어가지 않도록 주의하면서 시술한다.

1 얼굴 전체에 브러시를 이용하여 얇게 도포한 후, 아이패드와 립패드를 올려준다.

1

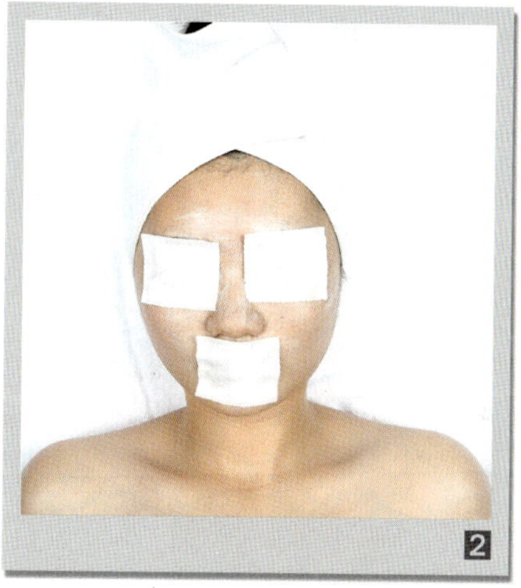

2

2 적절하게 제품이 굳으면 아이패드와 립패드를 제거하고 근육결을 따라 안쪽에서 바깥방향으로 주름이 생기지 않도록 스트레칭하면서 밀어서 각질을 제거한다.

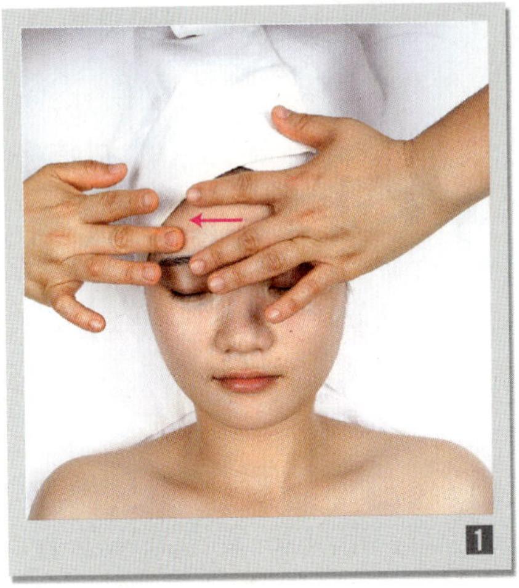

1

2

3 남아 있는 고마쥐는 물을 묻혀 양손으로 얼굴 전체를 롤링한다.

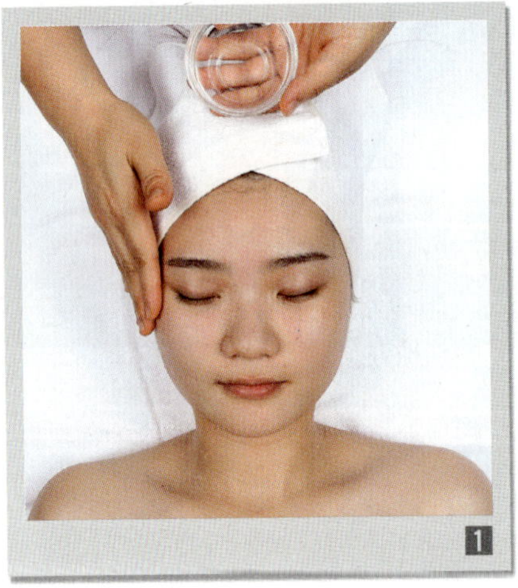

1

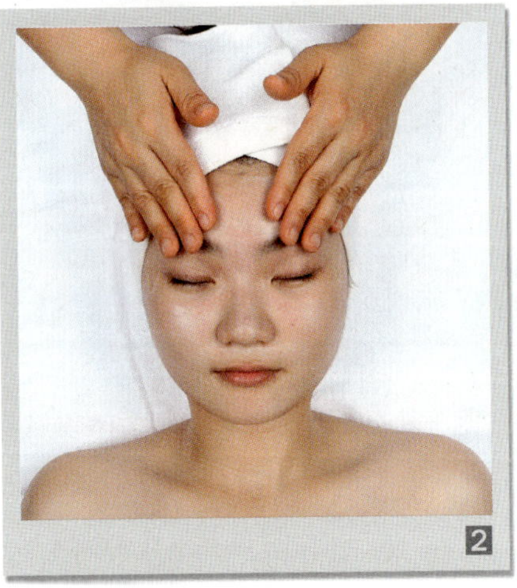

2

4 잔여물이 남지 않도록 해면-습포-토너로 마무리한다.

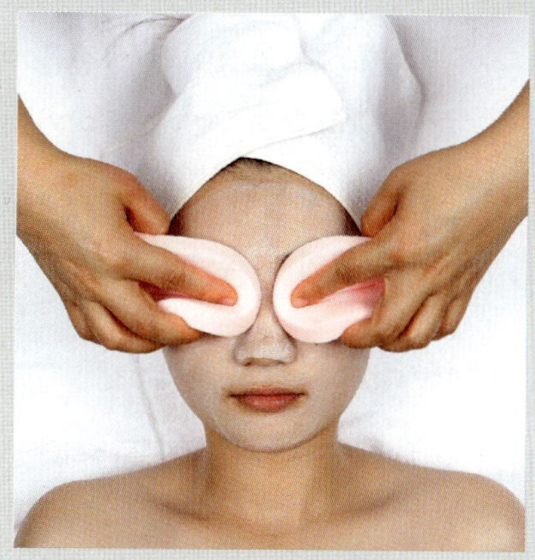

1

2

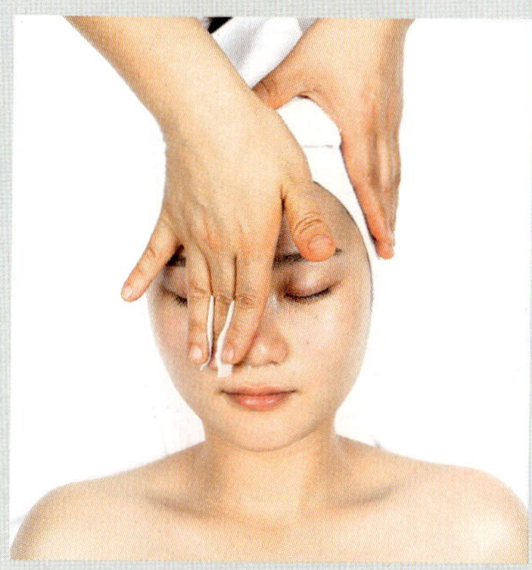

3

스크럽scrub

제품의 알갱이의 성질을 이용하여 물리적으로 피부의 각질을 제거한다. 제품이 눈이나 코, 입에 들어가지 않도록 주의하면서 시술한다. 피부가 예민하거나 혈관이 확장된 부위에는 시술하지 않는다. 알갱이의 마사지 효과로 피부가 두껍고 안색이 칙칙한 피부에 사용하면 효과적이다.

1. 얼굴 전체에 브러시로 도포한다.

2. 아이패드와 립패드를 올린 후 제품과 피부타입에 맞는 적절한 시간이 경과하기를 기다린다.

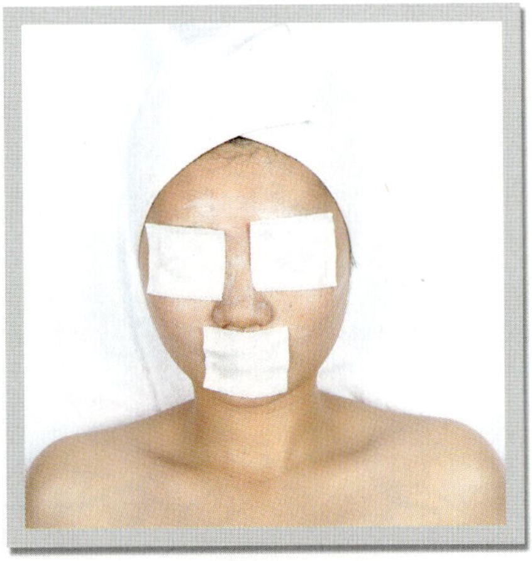

3. 물을 묻혀가며 얼굴 전체에 롤링하면서 문질러 준다.

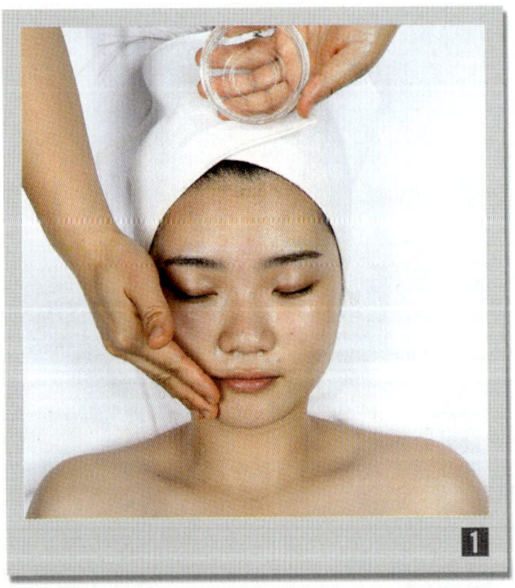

1

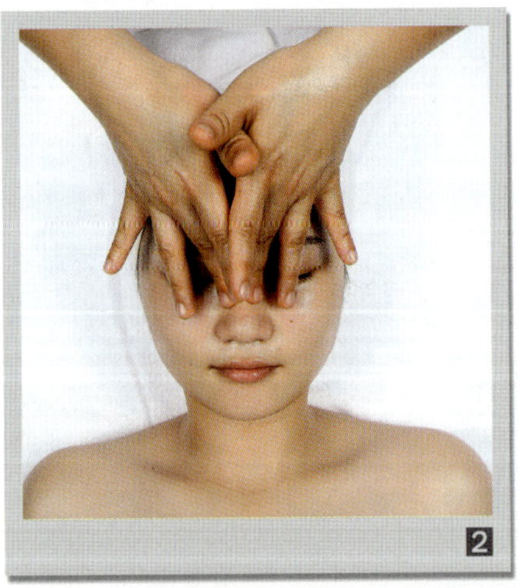

2

4 잔여물이 남지 않도록 해면–습포–토너로 정리한다.

1

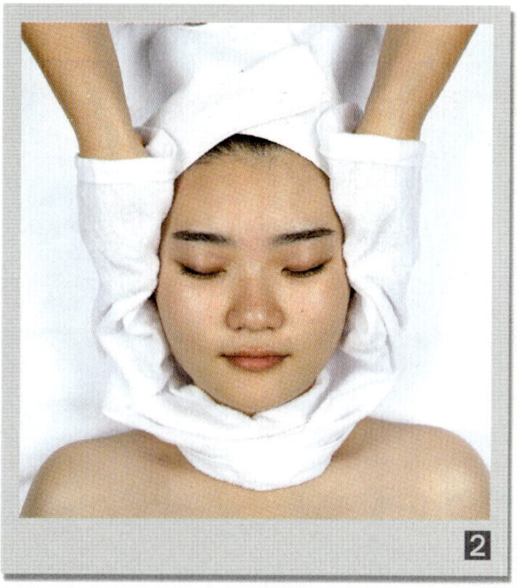

2

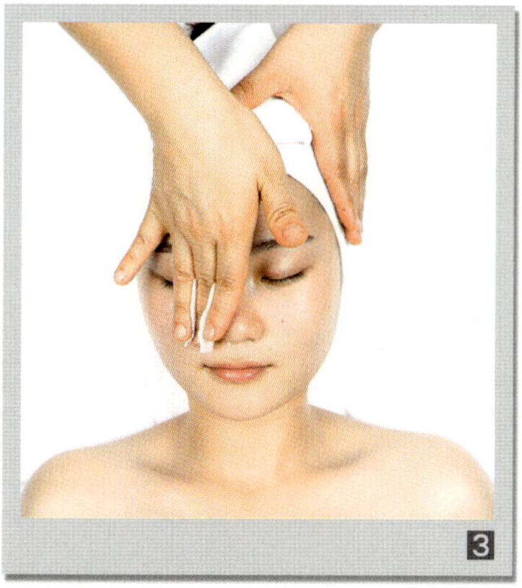

3

Alpha Hydroxy Acid, AHA

화학적 딥클렌징으로 사탕수수(glycolic acid), 젖산(lactic acid), 사과산(malic acid), 주석산(tartaric acid), 구연산(citric acid) 등이 있다. 민감한 부위는 주의하여 시술하고 각질탈락 이외 보습의 기능이 있어 건성 및 노화피부에 적당하다.

피부 타입별로 적용시간은 차이가 있으며 적상피부 5~7분, 노화피부 7~9분, 예민피부는 3~5분 정도가 적합하다.

1. 아이패드와 립패드로 눈과 입을 덮어준다.

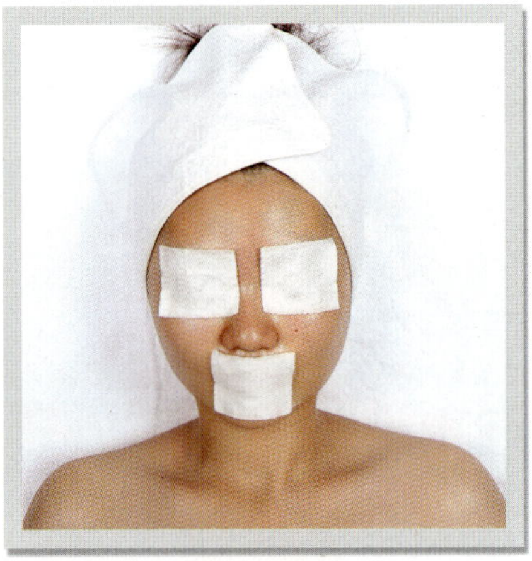

2. 얼굴 전체를 브러시나 면봉을 이용하여 얼굴 전체에 도포 후 피부타입에 맞게 적당한 시간이 경과 되길 기다린다.

③ 손가락에 물을 적셔 롤링한 후 해면으로 가볍게 자극없이 닦아내고 냉습포 후 화장수로 정돈한다

*냉습포 사용

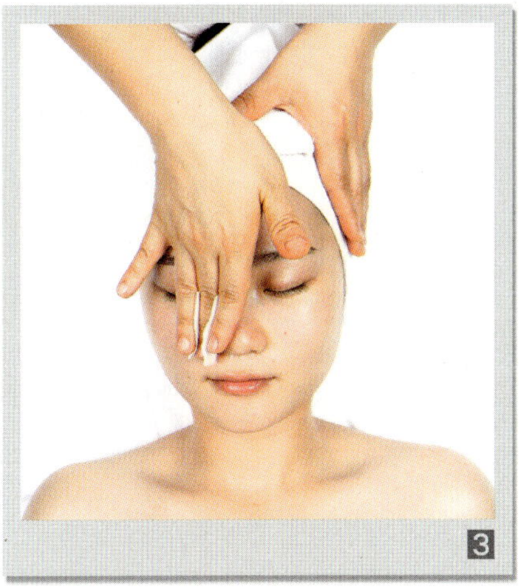

효소 enzyme

효소의 촉매작용을 이용하여 화학적으로 죽은 각질을 분해한다. 주로 식물성으로 파파인, 브로멜린, 라이스브랜 등에서 추출한다. 효소의 효과를 높이기 위해 온도, 습도 등의 적합한 환경이 갖추어져야 한다.

1 유리볼에 효소를 덜어서 물과 함께 개어서 사용한다.

1

2

2 얼굴 전체에 브러시로 도포한다.

3 눈과 입술에 화장솜을 덮어준다.

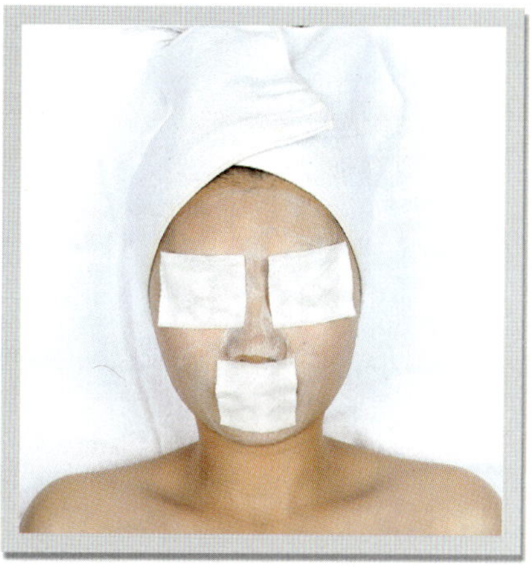

4 효소 활동을 높이기 위해 스티머나 온습포를 사용하여 얼굴을 덮어준다.

5 습포를 걷어내고 해면-습포-토너로 마무리한다.

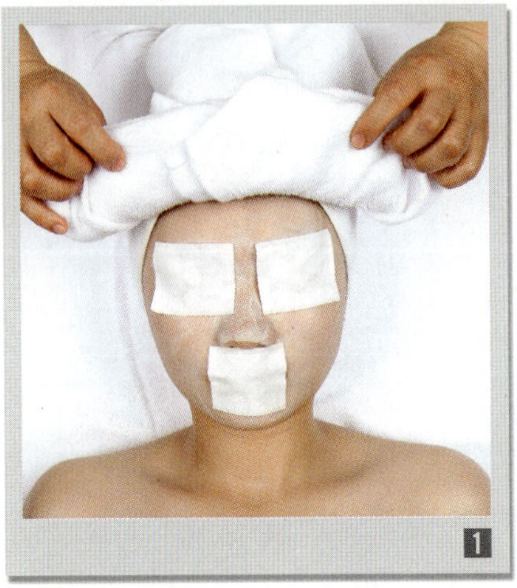

1

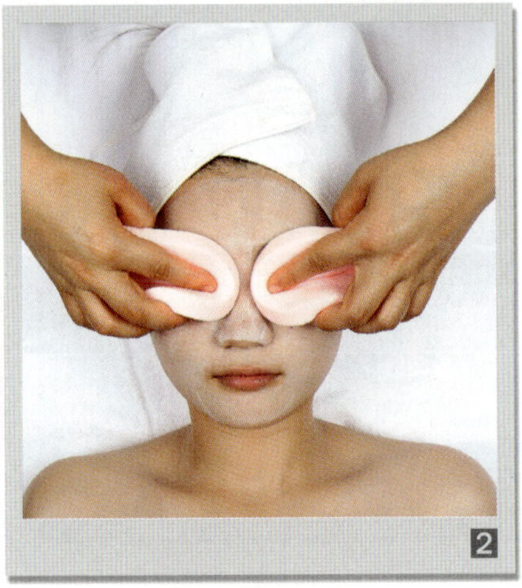

2

3

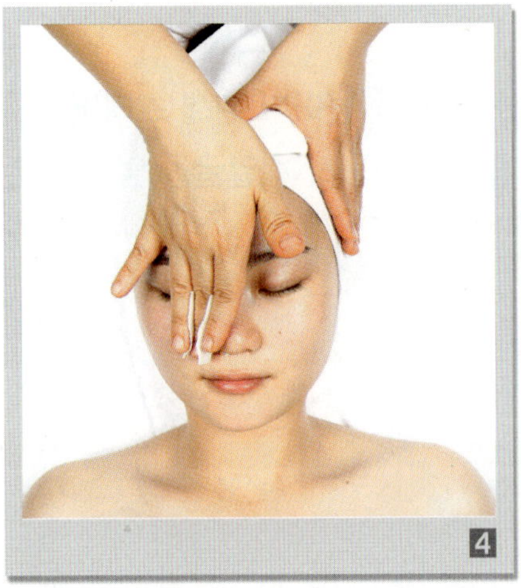

4

미용기기를 이용한 디스인크러스테이션disincrustation

갈바닉 전류의 음극에서 발생되는 알칼리를 이용하여 피부표면을 딥클렌징 하는 관리법이다.

디스인크러스테이션은 피부의 모낭 내 피지, 죽은 각질 세포, 화장품, 기름때를 유화시키고 용해시키기 위해 알칼리 용액을 모낭에 침투하는 과정이다. 디스인크러스테이션 전용 제품을 사용하고 만일 전용 제품을 구하수 없다면 500ml의 증류수에 중탄산나트륨(베이킹소다) 1ts을 혼합하여 사용할 수 있다. 관리시간은 건성, 정상피부는 약 3분 정도 관리가 적합하고, 지성, 여드름 피부는 과다한 피지분비와 각질이 과각화된 경우 약 4~5분 정도 관리해준다.

딥클렌징 후 관리

딥클렌징 후에는 토너, 아이 · 립크림, 에센스, 영양크림으로 완벽하게 마무리 관리를 해야 한다. 각질을 제거한 후에는 피부층의 보습 보호막도 함께 없어지므로 이로 인하여 수분 부족의 건조한 피부가 되므로 충분한 수분공급과 보습 영양크림 마무리가 중요하다.

CHAPTER 5

매뉴얼 테크닉

1 매뉴얼 테크닉

단원별 핵심 포인트 및 교육목표

- 고객의 피부유형에 따라 크림이나 오일류를 선택하여 원하는 부위에 도포할 수 있다.
- 고객의 피부유형에 적합한 화장품(앰플, 리포좀, 에센스나 아로마오일)을 도포할 수 있다.
- 얼굴의 피부상태를 파악하여 적당한 매뉴얼 테크닉 방법을 선택할 수 있다.
- 얼굴의 피부상태에 따라 매뉴얼 테크닉 구사 시에 리듬, 세기, 속도, 시간 등을 고려할 수 있다.
- 얼굴 매뉴얼 테크닉에 따라 얼굴(이마, 눈, 뺨, 입, 턱)과 목, 데콜테부위에 맞는 관리방법을 적용할 수 있다.

매뉴얼 테크닉의 목적

- 피지와 땀의 분비를 촉진시켜 피부 신진대사를 원활하게 한다.
- 피부의 혈액순환을 촉진시켜 세포 영양공급 및 간접재생을 돕는다.
- 자율신경계를 조절하여 신경의 안정을 돕는다.
- 경직되고 긴장된 근육을 이완한다.
- 늘어지고 탄력없는 피부에 긴장감을 준다.
- 부종 및 통증을 완화시킨다.
- 지방감소에 도움을 준다.

기본동작

1 쓰다듬기 effleurage, stroking

- 손바닥 전체를 이용하여 가볍게 쓸어준다.
- 마사지 동작의 시작과 마무리에 적용하고 마사지의 연결동작에 적용한다.
- 쓰다듬기는 혈액순환촉진, 림프순환촉진, 신경안정, 긴장완화에 효과적이다.

2 문지르기 friction, rubbing

- 손가락 끝 부분을 이용하여 원을 그리며 문지른다.
- 주름이 생기기 쉬운곳, 결체조직이 강한 부위, 피지선, 한선분비촉진, 노폐물 촉진, 혈액순환촉진, 긴장된 근육이완, 탄력 증진을 시켜 준다.

3 반죽하기 petrissage, kneading

근육에 쌓여있는 노폐물 제거, 혈액순환 촉진, 근육의 뭉친 부분을 이완, 근육의 탄력을 준다.

- 롤링(rolling): 나선형으로 문지르며 압박하는 유연기법이다.
- 처킹(chucking): 가볍게 상하운동하듯이 주무르는 기법이다.
- 린징(wringing): 비틀듯이 행하는 기법이다.
- 풀링(fulling): 피부를 주름잡듯이 행하는 기법이다.

4 두드리기 tapotement, percution

말초신경조직을 자극하는 가장 적극적 형태의 기법으로 혈액순환촉진, 신진대사 작용을 높이고 근육위축을 예방한다.

- 태핑(tapping): 손가락의 바닥면을 이용하여 두드린다.
- 슬래핑(slapping): 손바닥을 이용하여 두드린다.
- 해킹(hacking): 손의 측면을 이용하여 두드린다.
- 비팅(beating); 주먹을 가볍게 쥐고 두드린다.
- 커핑(cupping): 손을 오목하게 한 상태에서 두드린다.

5 떨기 vibration, shaking

손바닥이나 손가락 끝을 이용하여 진동을 주는 방법으로 긴장된 근육이완, 경련, 마비에 효과적이다. 혈액순환과 림프순환을 촉진시켜준다.

6 집어주기 Dr.Jacquet

손가락 끝을 이용하여 튕기듯 집어준다. 핼액순환촉진, 탄력, 피지선을 자극하여 모공 내 피지 배출, 결체조직을 단련시켜 준다.

매뉴얼 테크닉 순서

1 도포동작 1

유리볼에 크림을 떠서 가슴과 목, 얼굴부위에 제품을 도포한다.

2 도포동작 2

제품을 가슴, 목, 얼굴 전체에 펴 바른다.

1

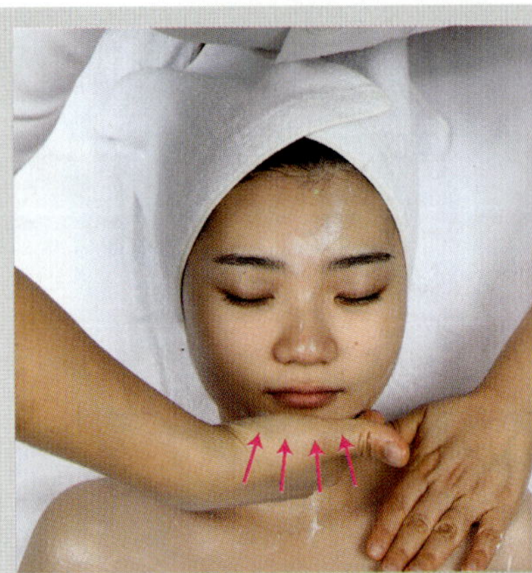

2

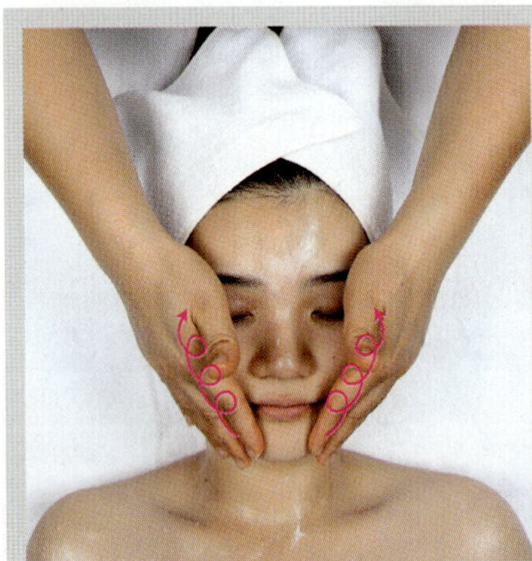

3

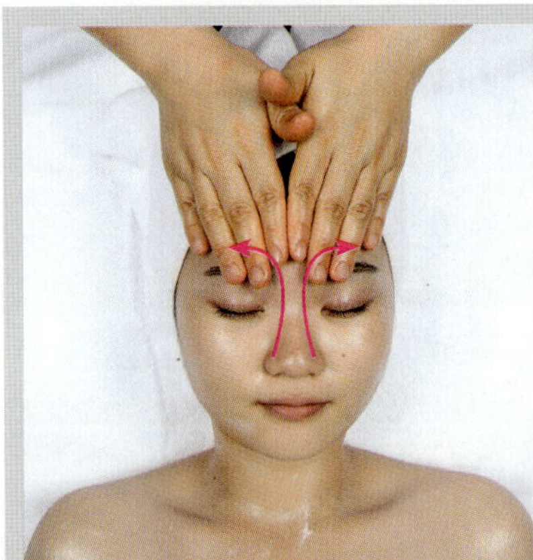

4

③ 데콜테부위 쓰다듬기

양손을 교대로 데콜테부위를 횡으로 쓸어준다.

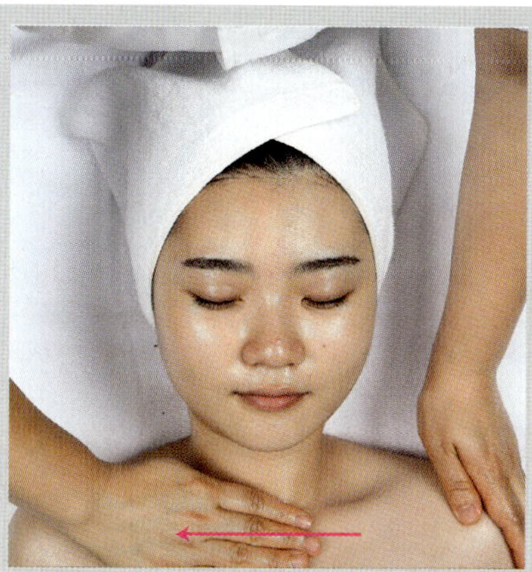

1

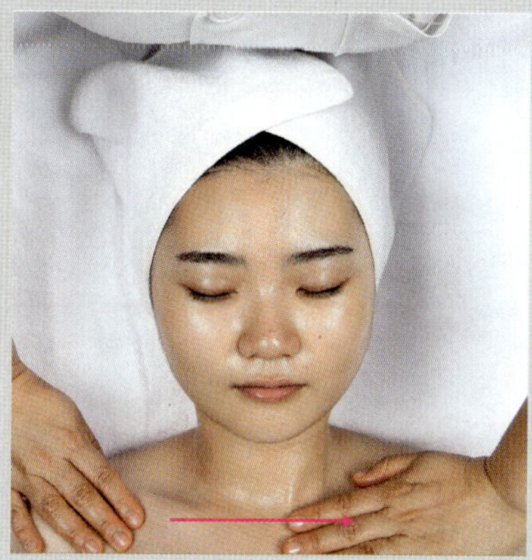

2

④ 데콜테부위 쓰다듬기

데콜테 중앙에서 액와방향으로 원을 그리며 쓰다듬기한다.

1

2

5 데콜테부위 쓰다듬기

양손을 교대로 데콜테부위를 횡으로 쓸어준다.

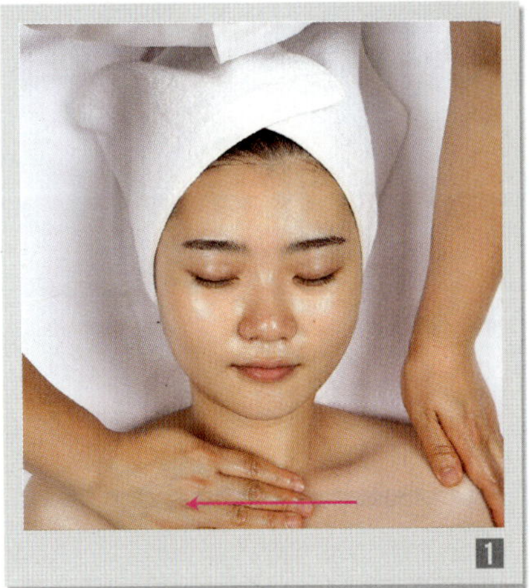

1

2

6 목부위 쓰다듬기

양손을 교대로 아래에서 위로 쓰다듬기한다.

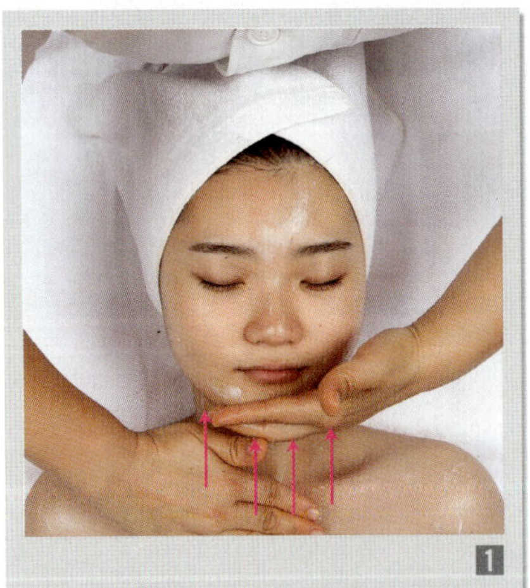

1

2

7 연결 동작(턱 쓰다듬기)

양손을 교대로 턱을 쓸어준다.

8 목 원 그리기

엄지로 원을 그리며 문질러준다.

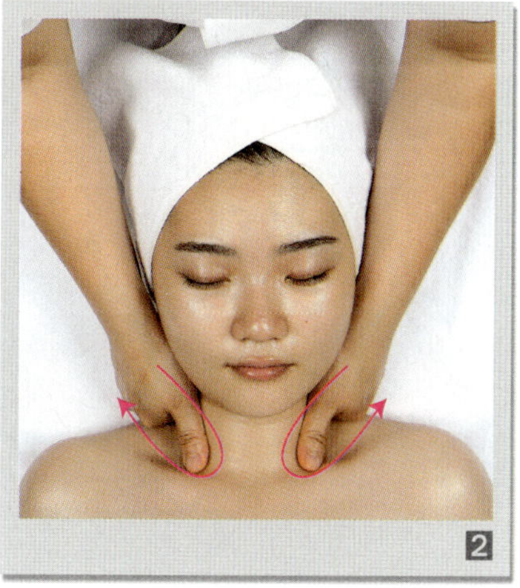

9 얼굴 전체 쓰다듬기

① 양 손바닥을 이용하여 볼 전체를 쓸어준다.

1

2

② 양손을 교대로 이마를 쓸어준다.

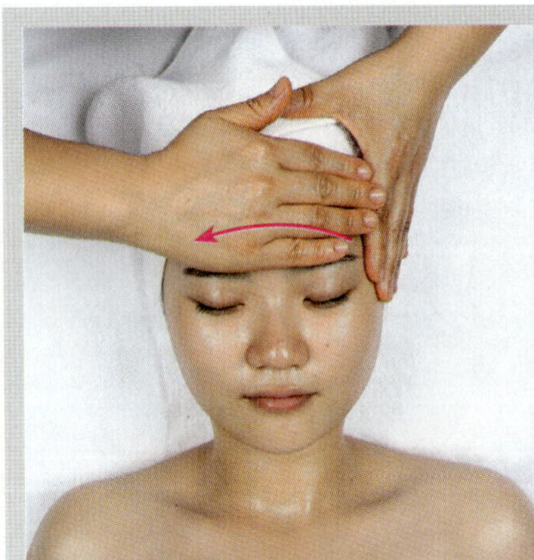
1

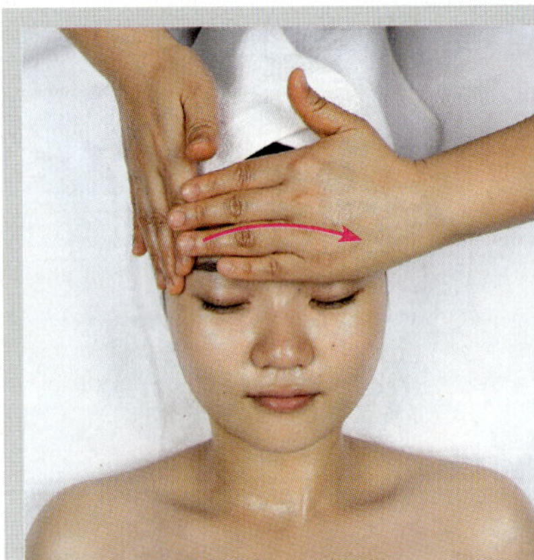
2

10 구륜근 쓸어주기

엄지를 이용하여 구륜근을 쓸어준다.

11 구륜근 튕겨주기

엄지를 이용하여 구륜근을 끌어올려 튕겨준다.

12 턱 엇갈려 문지르기

중지를 서로 교차하며 턱끝을 비틀어준다.

13 표정주름(비순구) 원 그리기

중지를 이용하여 표정주름을 원을 그려주며 문질러준다.

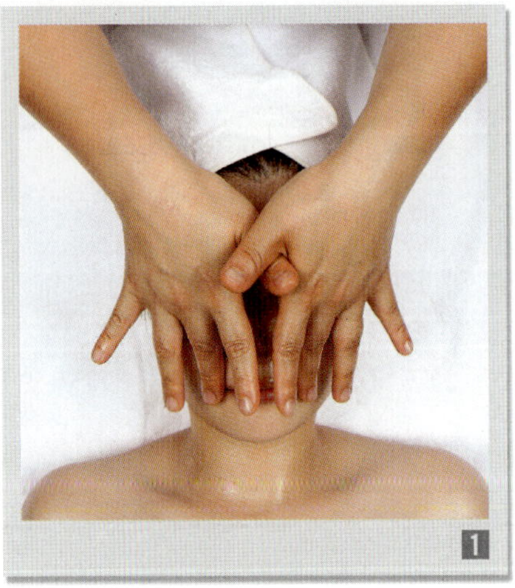

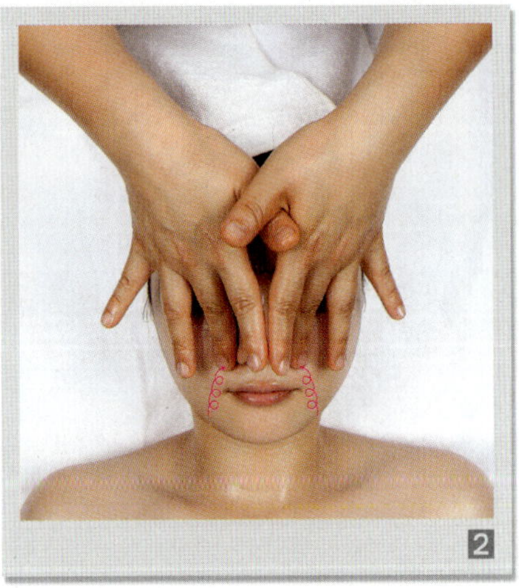

14 코 8자 문지르기

중지를 이용하여 콧망울을 8자로 문질러준다.

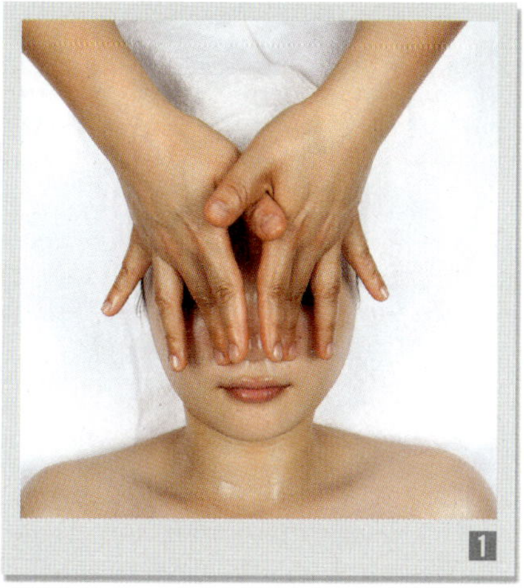

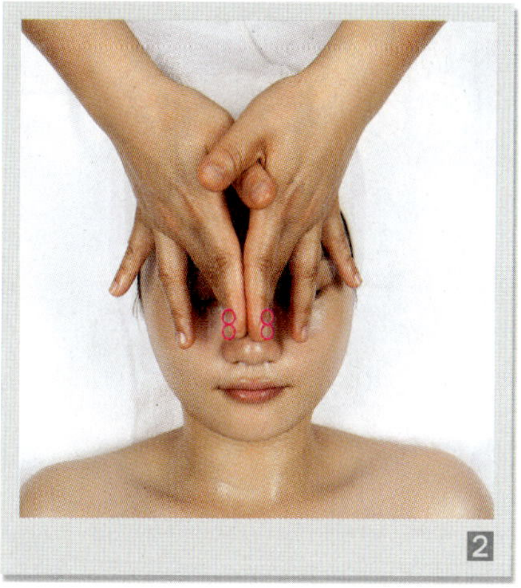

15 콧잔등 쓰다듬기

양쪽 중지를 나란히 겹쳐서 코끝에서 이마까지 콧잔등을 쓸어준다.

16 눈돌아 눈썹 쓸어주기

중지로 눈밑을 돌아 눈썹을 중지와 엄지로 쓸어준다.

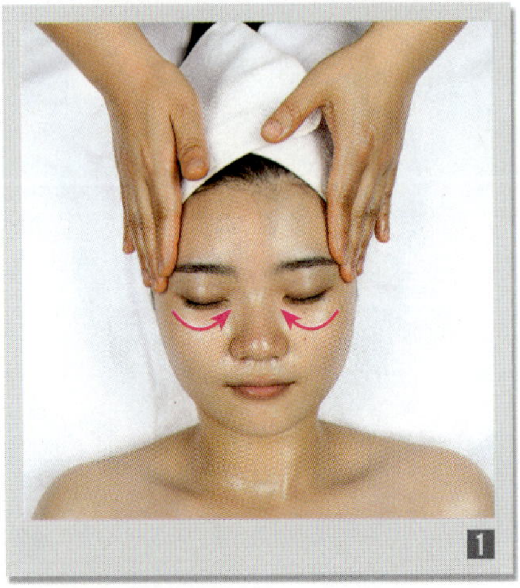

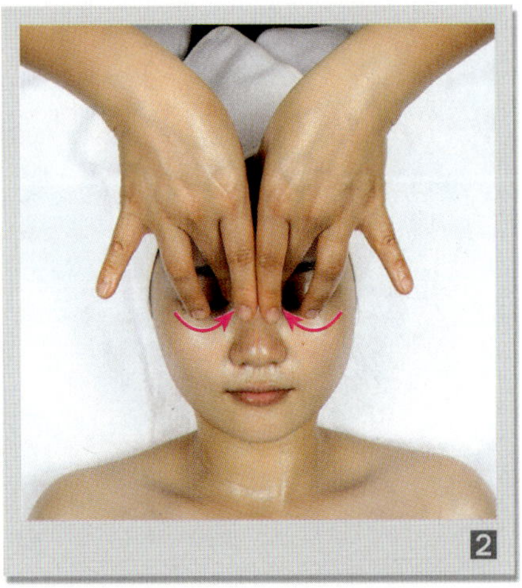

17 눈돌아 눈썹 집어주기

중지로 눈밑을 돌아 눈썹을 중지와 엄지로 집어준다.

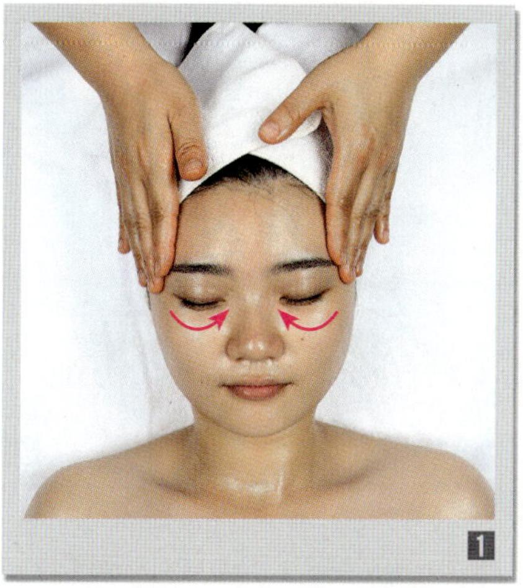

1

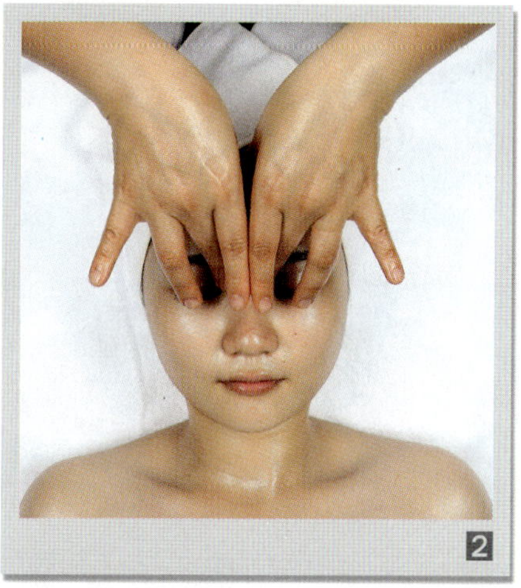

2

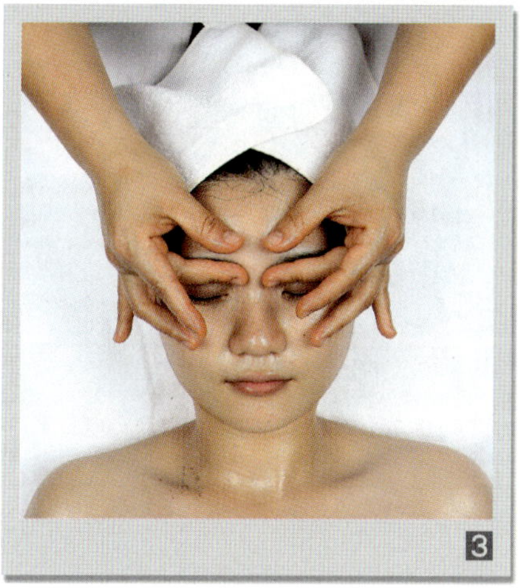

3

4

18 눈썹 문지르기

양손을 교대로 눈썹을 문질러준다.

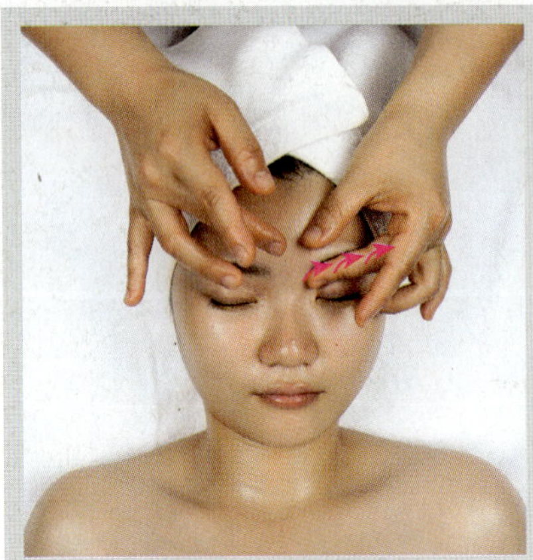
1

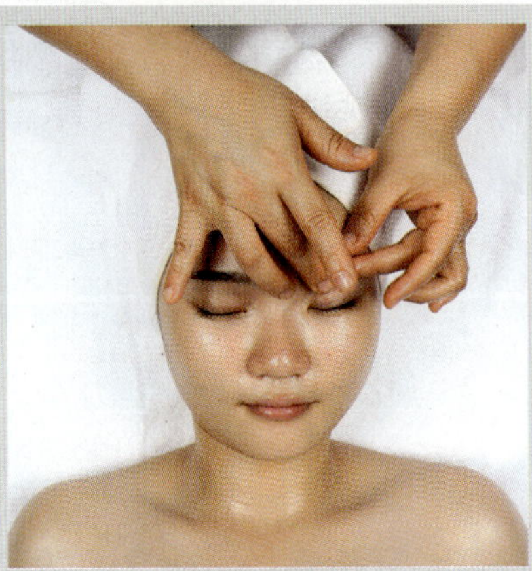
2

3

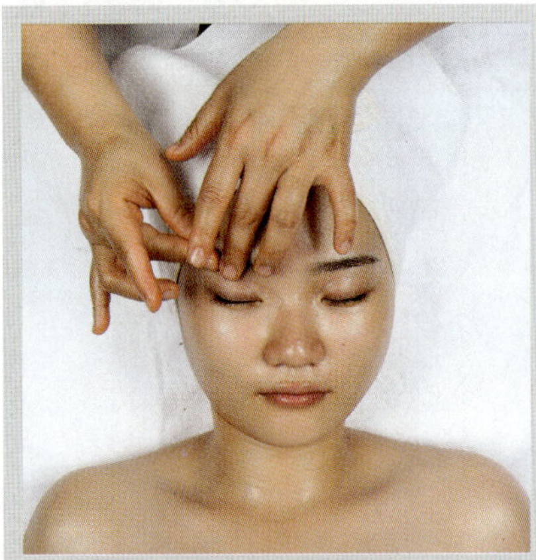
4

19 눈밑 8자 돌리기

양손을 교차로 눈밑을 돌아 8자형태로 쓸어준다.

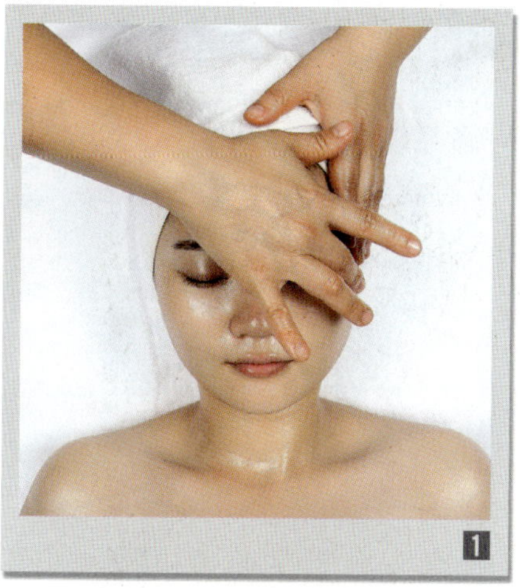
1

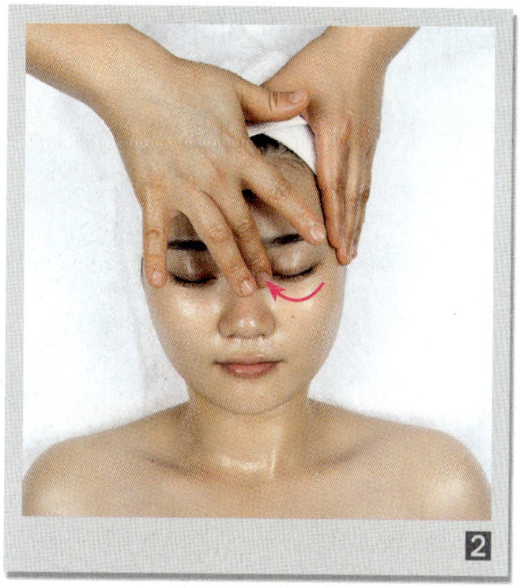
2

3

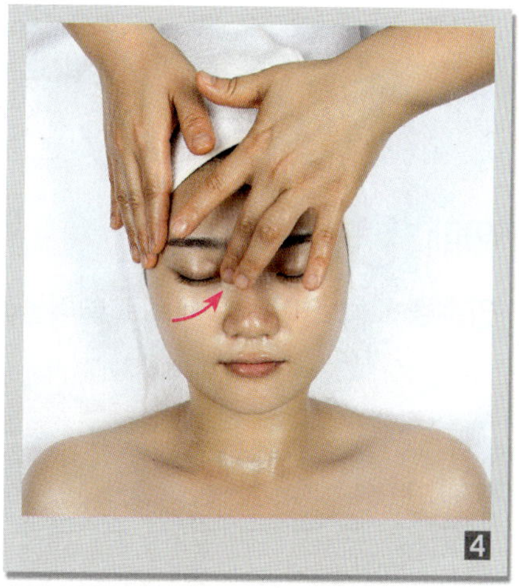
4

5

6

20 이마 쓰다듬기

손바닥을 이용하여 이마를 쓸어준다.

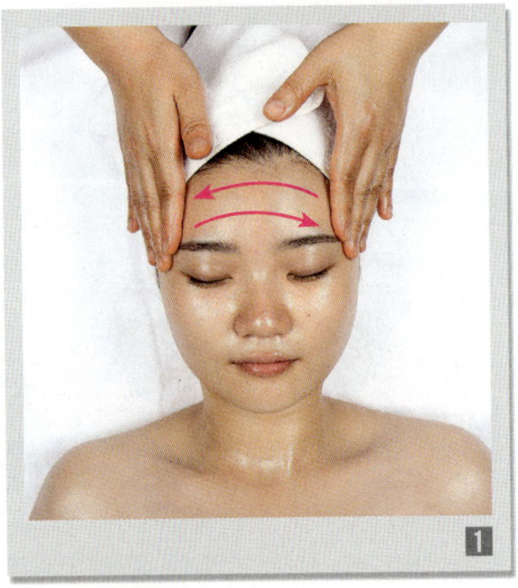

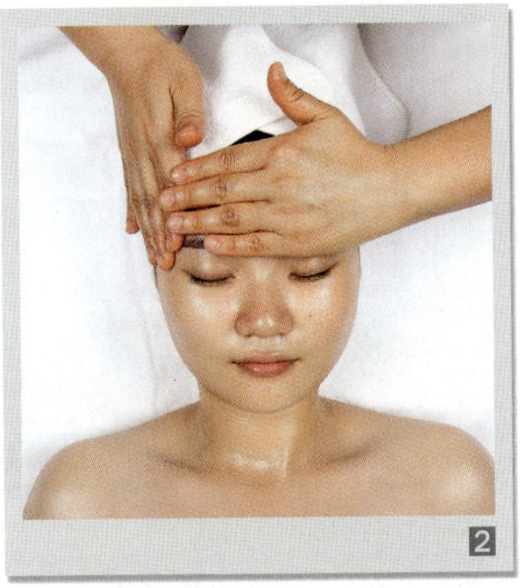

21 이마 세로 쓰다듬기

양손을 교차로 이마를 세로로 쓸어올려준다.

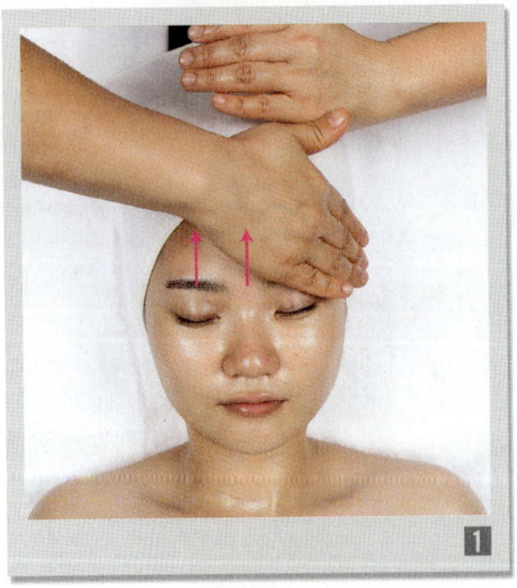

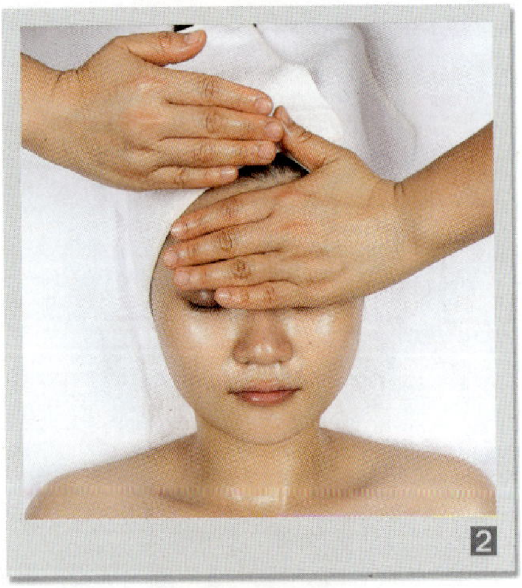

22 이마 마찰하기

이마(인당) 중간을 검지와 중지를 이용하여 쓸어올려준다.

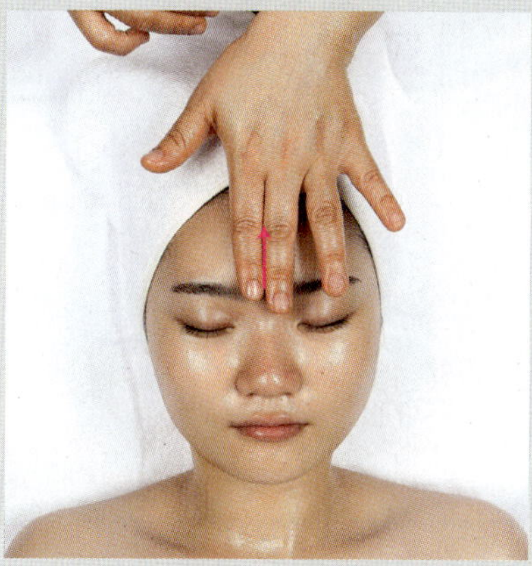

1

2

23 이마 원 그리기

이마의 주름진 부분을 중지로 원을 그리며 마찰한다.

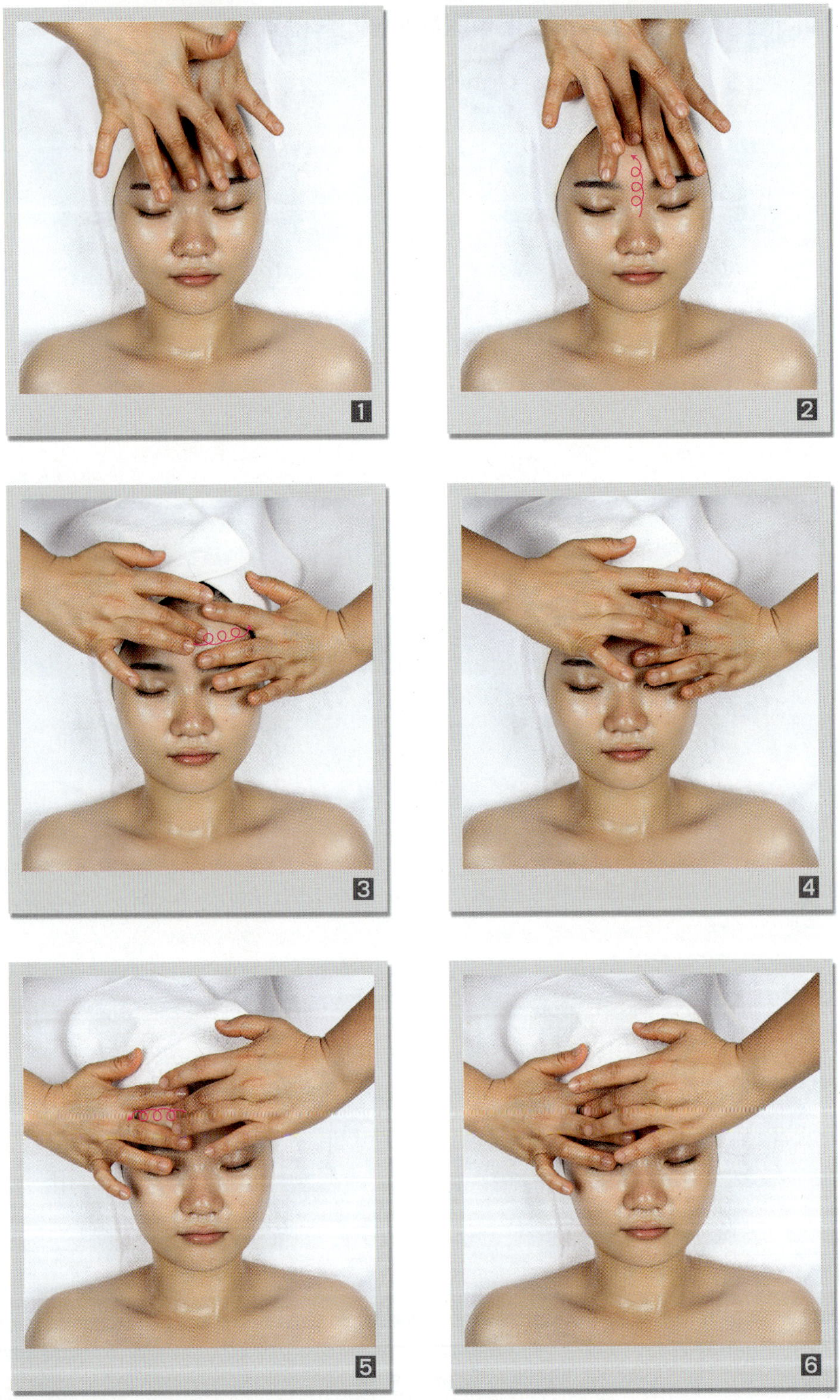

24 관자놀이 8자 그리기

중지를 이용하여 눈꼬리부분(동자료)을 8자로 문질러준다.

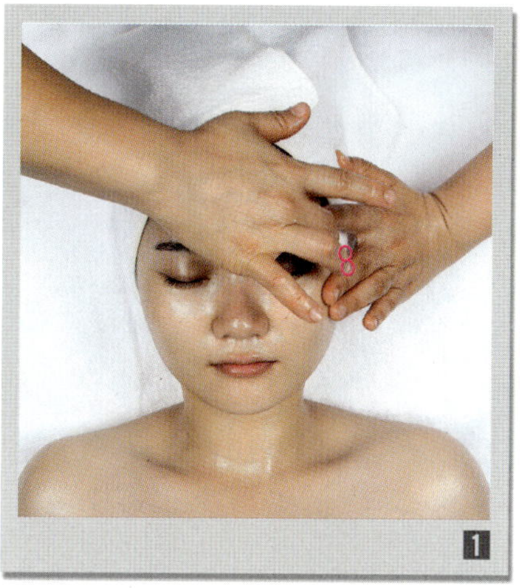

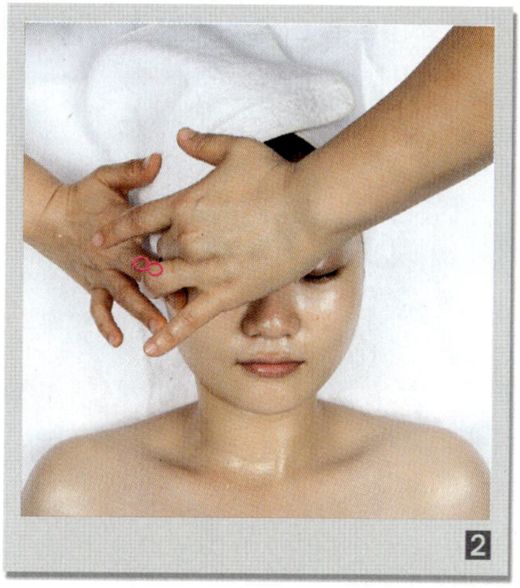

25 눈돌아 이마 쓰다듬기

중지로 눈 밑을 돌아 손바닥을 이용하여 이마를 쓸어준다.

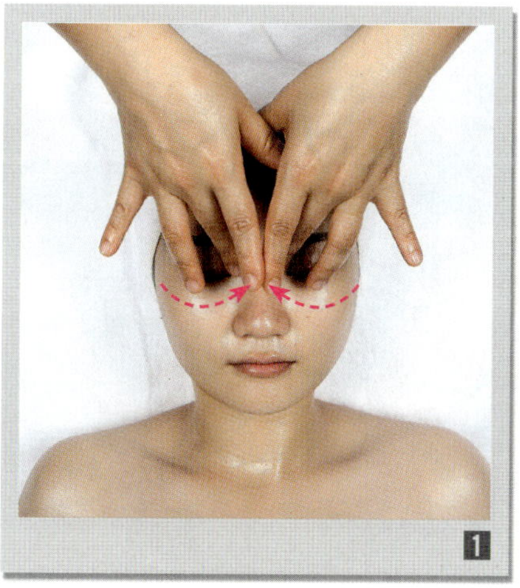

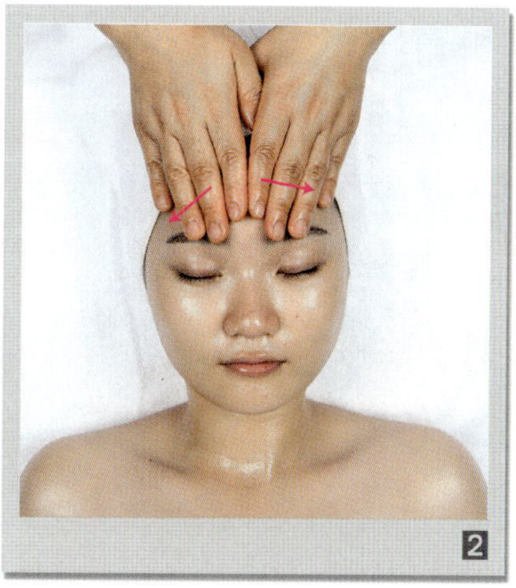

26 볼 쓰다듬기

양 손바닥을 이용하여 볼 전체를 쓸어준다.

27 턱선 롤링하기

턱선을 양 엄지로 반죽하듯이 문질러준다.

28 턱 쓰다듬기

양손교대로 턱을 쓸어준다.

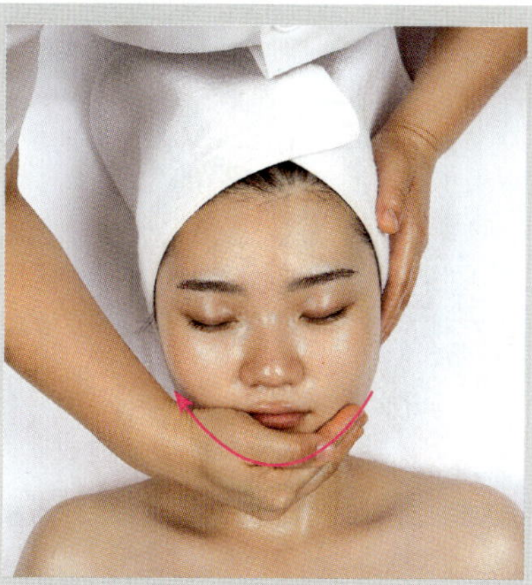

1

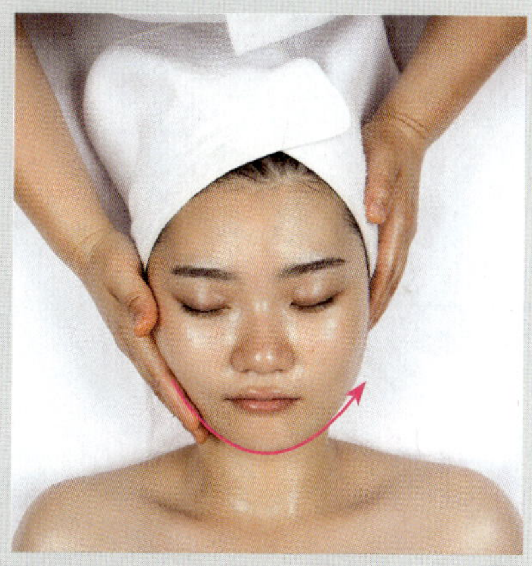

2

29 볼 원 그려주기

① 양손바닥을 이용하여 볼부분 위를 3부분으로 나누어 문질러준다.

② 아랫볼을 입술아래의 턱에서부터 귀밑까지 원을 그리며 문질러준다.

1

2

29 계속

③ 입술 꼬리에서 귀앞 중간까지 원을 그리며 문질러준다.

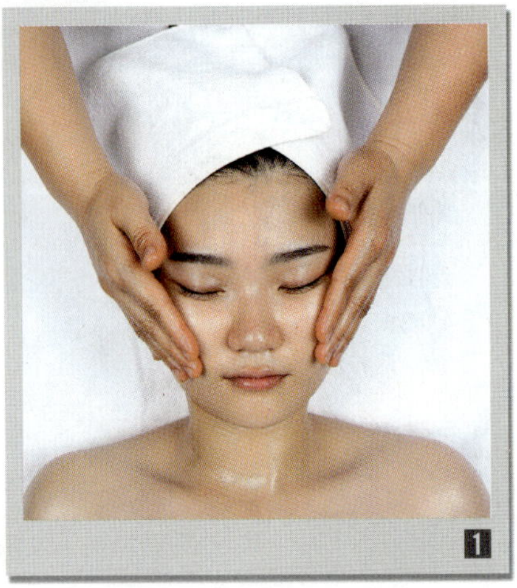

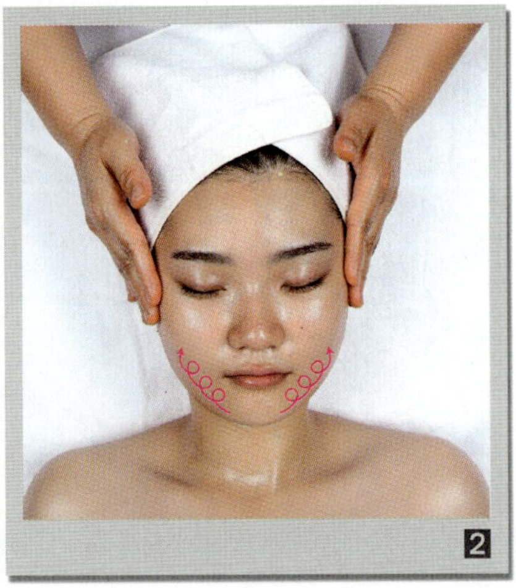

④ 콧망울 옆에서부터 관자놀이까지 원을 그리며 문질러준다.

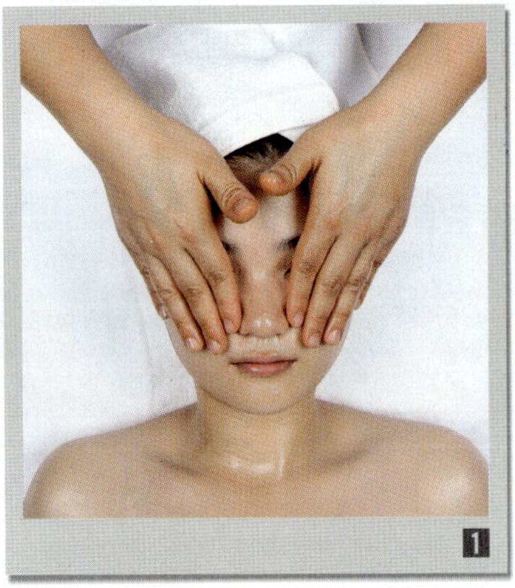

30 볼 집어주기

엄지와 중지를 이용하여 뺨 전체를 튕기듯이 집어준다.

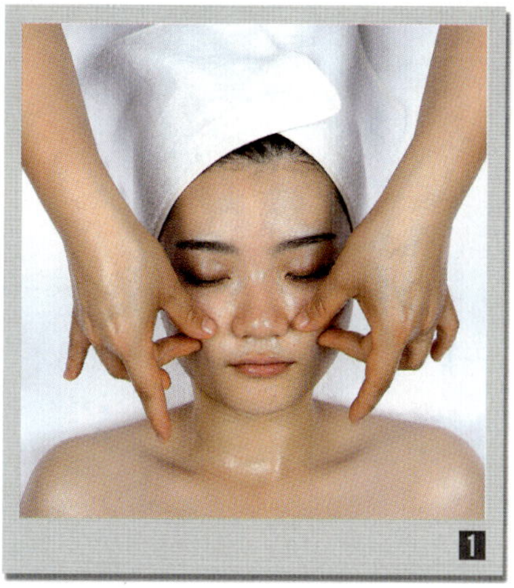

31 볼 두드리기

양볼 전체를 네 손가락을 이용하여 가볍게 두드려준다.

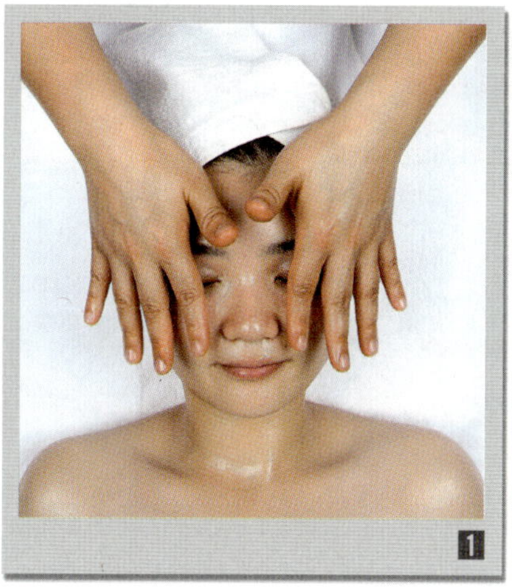

32 진정시키기

양 손바닥을 이용하여 볼 전체를 진정시켜준다.

1

2

33 한쪽 볼씩 진동하기

한쪽 볼을 네 손가락을 이용하여 볼을 진동해준다.

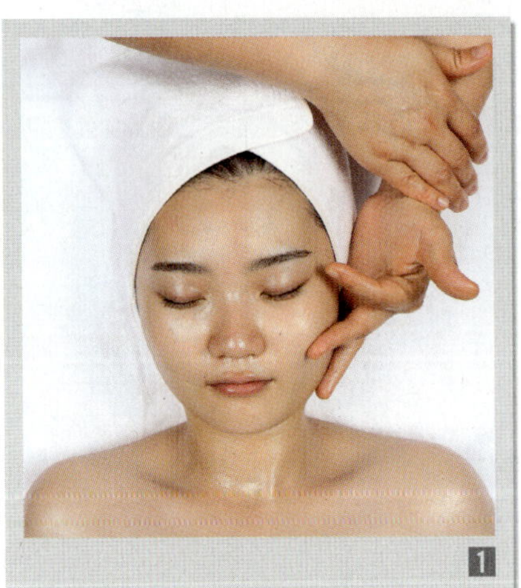

1

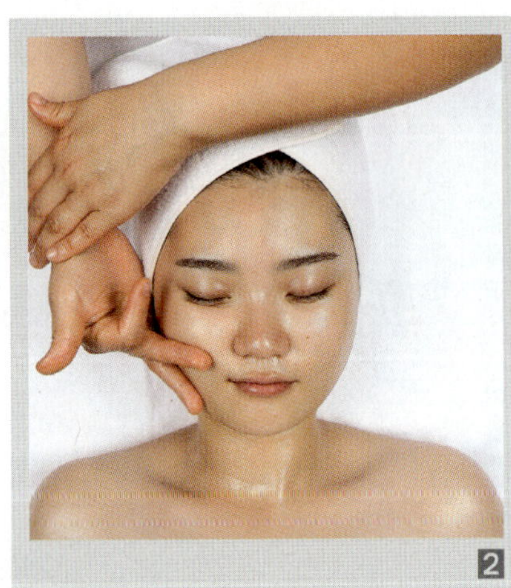

2

34 양 볼 동시에 진동하기

양 볼을 동시에 네 손가락을 이용하여 진동해준다.

1

2

35 볼 전체 쓸어 올려주기(협근)

① 양손 교대로 한쪽 볼씩 3부분으로 나누어 쓸어올려준다.

② 아랫볼을 입술아래의 턱에서부터 귀밑까지 쓸어준다.

1

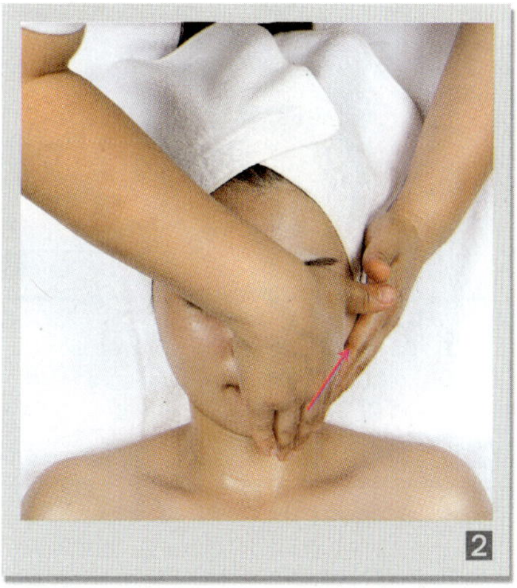

2

35 계속

③ 입술 꼬리에서 귀앞 중간까지 쓸어올려준다.

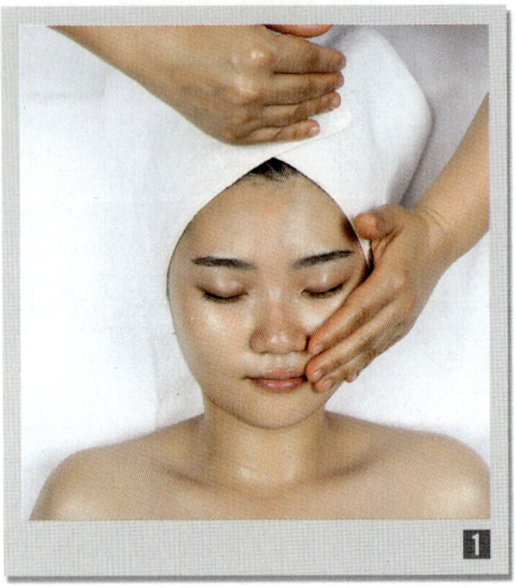

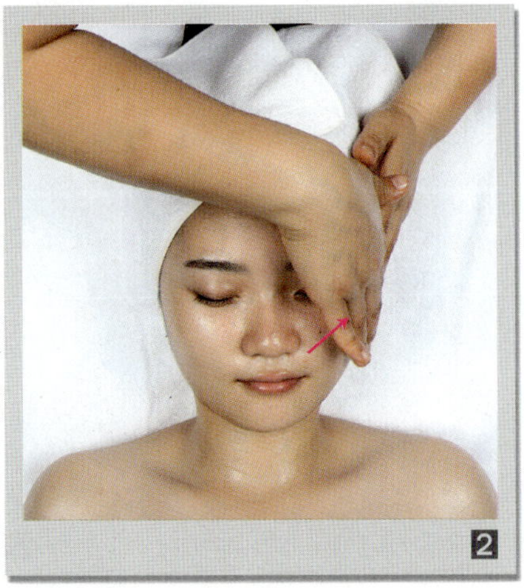

④ 콧망울 옆에서부터 관자놀이까지 쓸어올려준다.

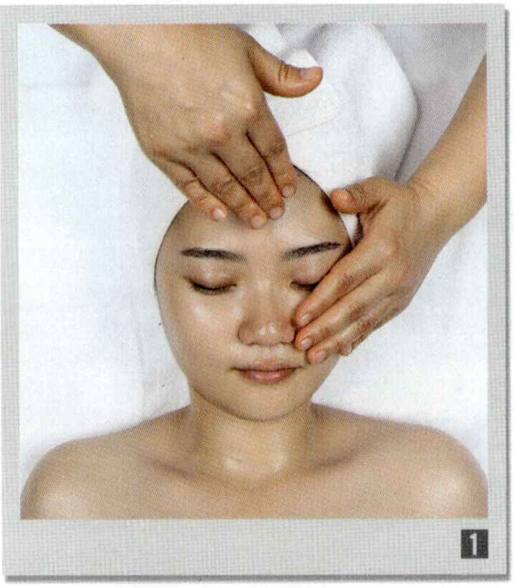

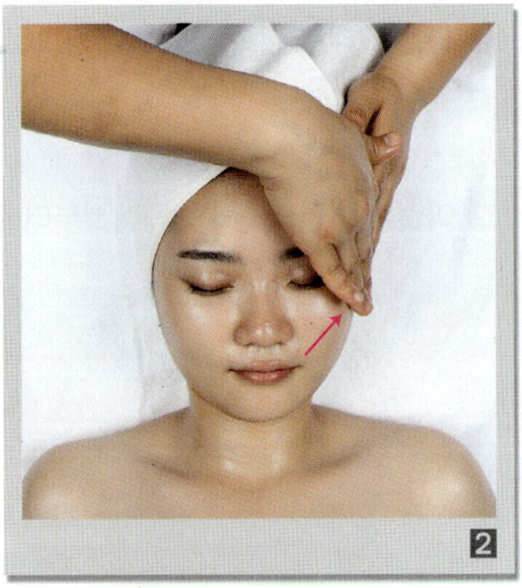

35 계속

⑤ 반대편 볼도 3부분으로 나누어 쓸어올려준다.

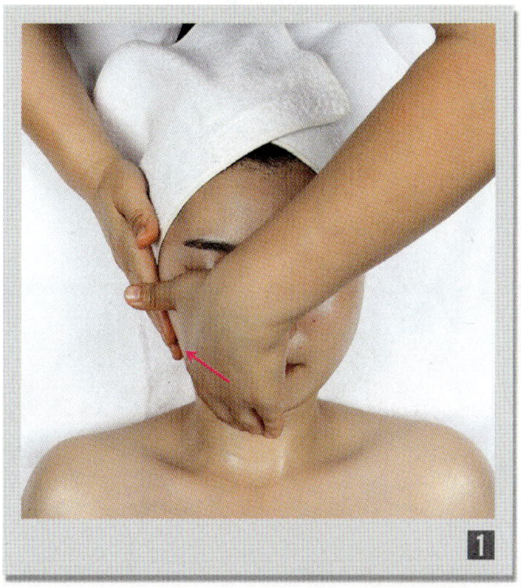

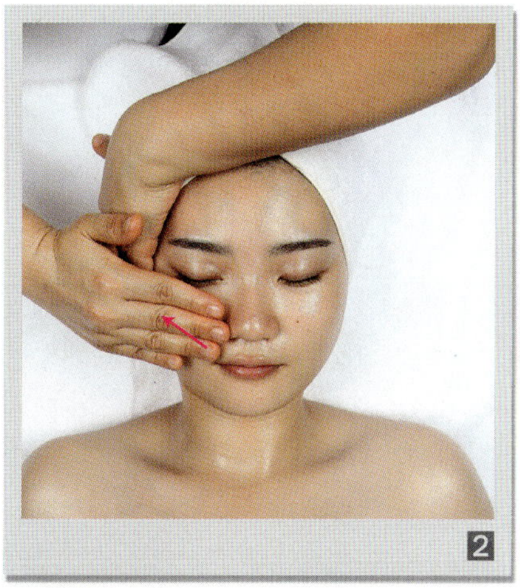

36 얼굴 마무리 쓰다듬기

양 손바닥을 이용하여 얼굴 전체를 부드럽게 쓸어 마무리한다.

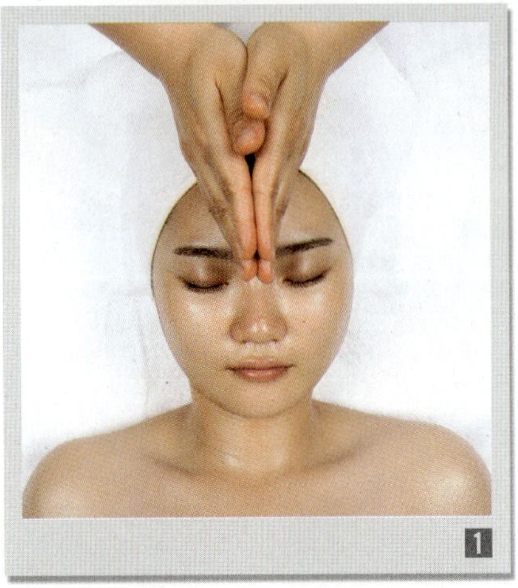

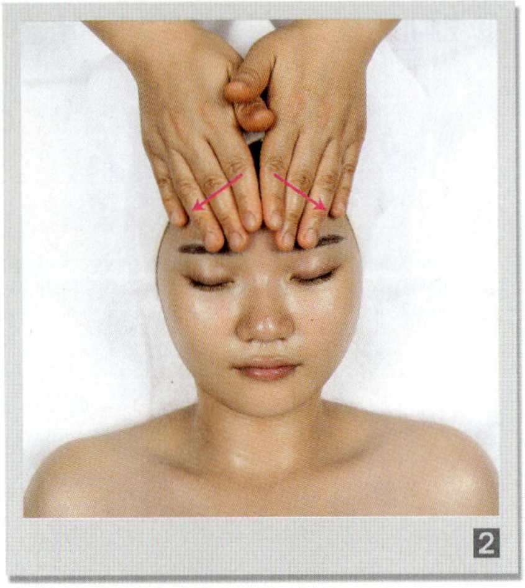

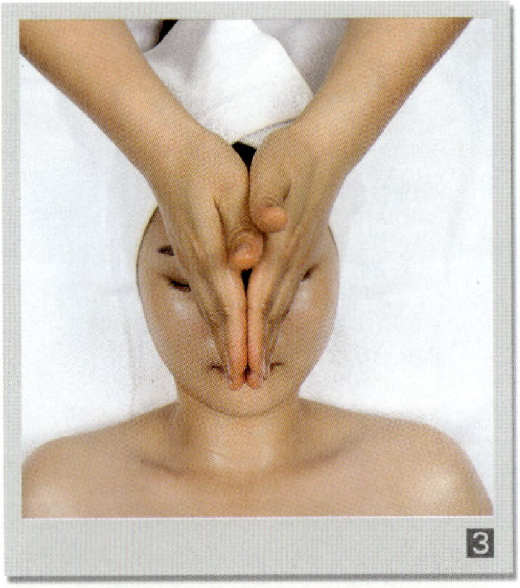

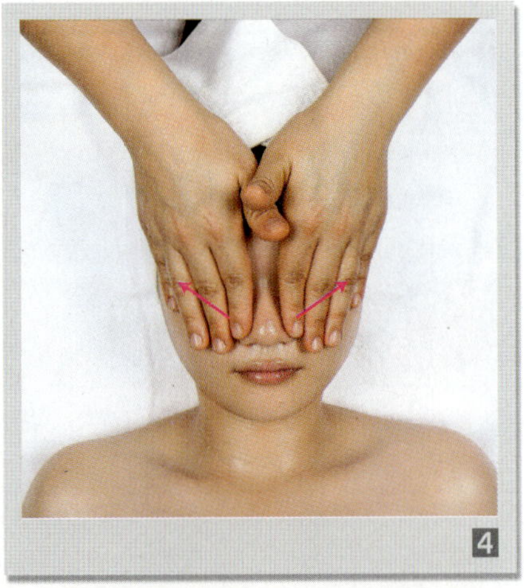

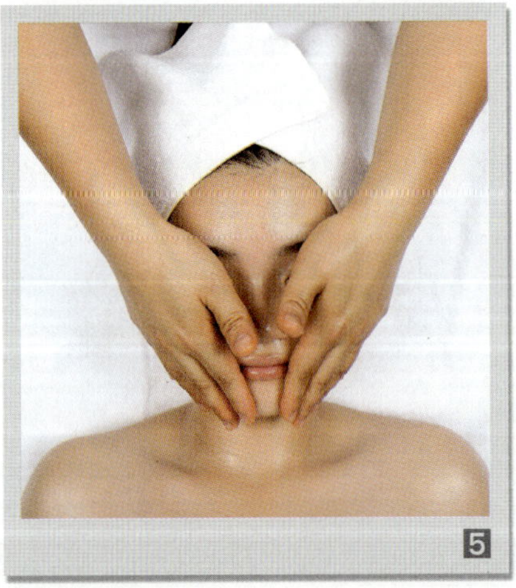

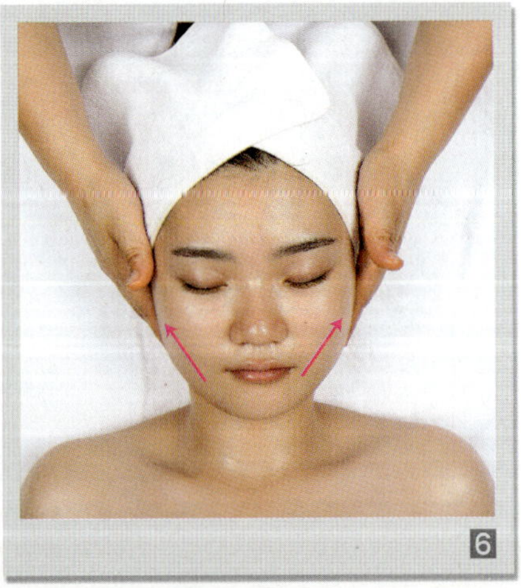

37 가슴 마무리 쓰다듬기

양손을 교대로 가슴을 가볍게 쓸어 마무리한다.

1

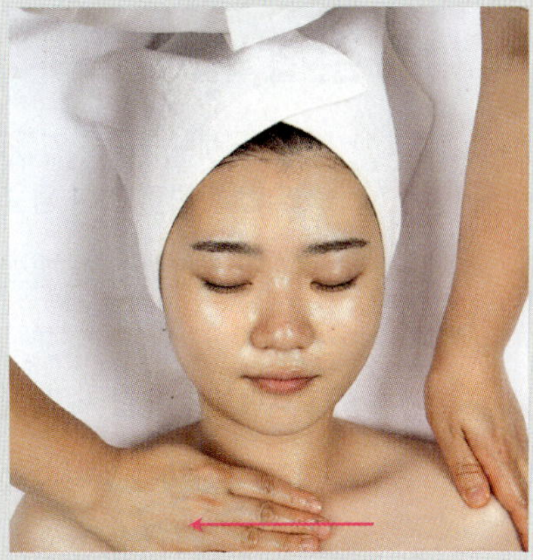

2

3

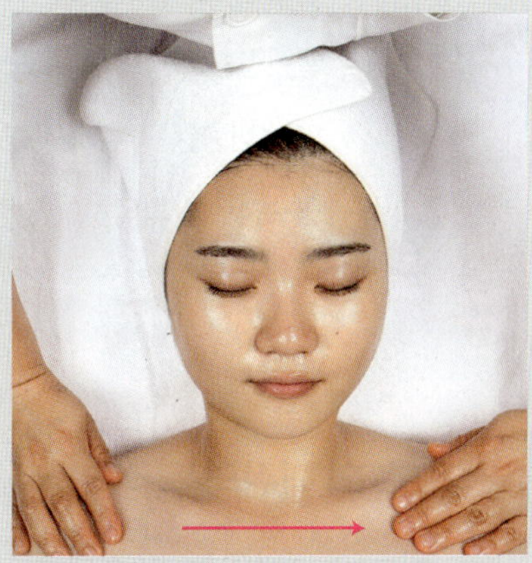

4

2 림프 드레니쥐 lymph drainage

단원별 핵심 포인트 및 교육목표

- 림프 드레니쥐를 하기 위한 따뜻한 실내온도유지, 밝지 않은 조명, 조용하고 쾌적한 분위기 조성 등을 할 수 있다.
- 고객의 스킨타입 및 몸의 상태에 맞는 화장품이나 에센셜 오일을 선택할 수 있다.
- 고객에게 필요한 제품들을 미리 준비할 수 있다.
- 다리부종, 피곤한 다리, 셀룰라이트부위를 택할 수 있다.
- 손과 팔의 긴장을 푼 후 손놀림은 가볍게, 정확히, 리듬감 있게 손 밑 조직을 느껴가며 실시할 수 있다.
- 일정한 속도와 압력을 유지시킬 수 있다.
- 클렌징한 후 크림이나 오일을 가능한 사용하지 않은 채 실시할 수 있다.
- 압력 방향은 피부에서 림프 흐름에 일치하여 시행할 수 있다.
- 림프경로를 파악하여 안면부위부터 시작할 수 있다.

림프 드레니쥐의 목적

림프 드레니쥐는 림프의 흐름을 촉진시켜 세포의 대사물질과 각종 노폐물들의 배출을 도와주는 마사지로 얼굴의 붓기를 없애고 독소를 제거한다. 일반적인 기능은 식균작용과 이물질 제거에 의한 신체 방어작용, 면역기능을 높여주며 자율 신경계의 작용을 균형있게 한다.

림프의 흐름

림프계는 조직 사이에 있는 작은 모세림프관에서 시작하여 림프본관, 림프절 등의 기관으로 이동되어 최종적으로 좌 · 우 정맥각으로 유입된다.

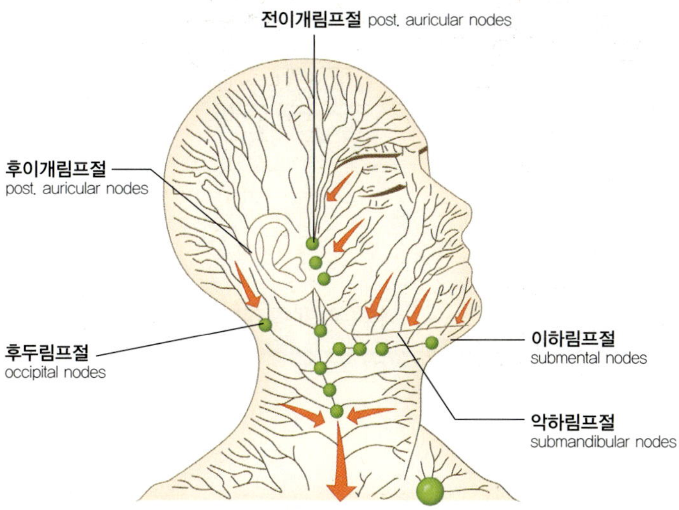

얼굴 림프 흐름

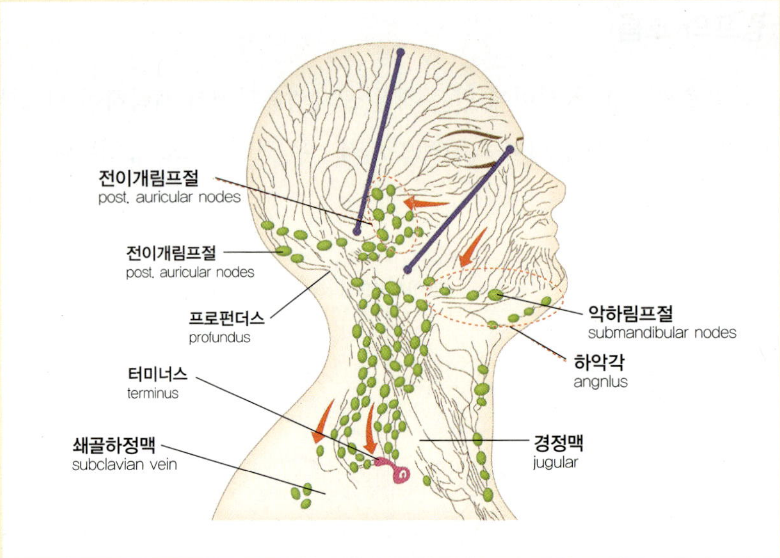

경부(목)의 림프절

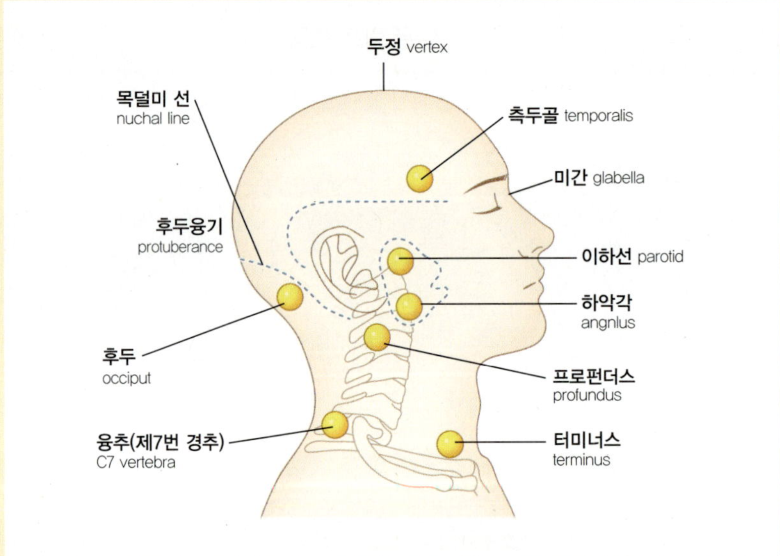

두개 · 안면부위의 림프절

림프 드레니쥐의 기본 동작

1 고정원 그리기 동작 stationary circle

손가락을 이용하여 압력을 부드럽게 하면서 림프절 방향으로 원을 그리면서 스트레칭되도록 한다.

2 펌프 동작 pump

주로 팔이나 다리에 적용되는 기법으로 손바닥 전체로 원형을 만들어 피부를 스트레칭 시킨다.

3 말아올리기 동작 scoop

주로 팔이나 다리에 적용되며 손으로 나선형의 움직임을 만들어 피부를 스트레칭시킨다.

4 로터리 동작 rotary

주로 복부나 등에 적용되며 엄지와 손바닥으로 원형의 움직임을 만들어 피부를 신장시킨다.

시술 시 기본수칙

1 풀 스트레칭full stretching

림프의 판막을 열기 위해서는 피부를 충분히 끌어당긴다. 이때 손 끝을 모은 상태에서 동전을 얹어 놓은 정도인 30mmHg 정도의 압력을 유지해야 하며, 반드시 림프 흐름의 수직 방향으로 스트레칭한다.

2 워킹 페이스working phase

충분히 풀 스트레칭 된 상태에서 림프 흐름 방향으로 끌어 올린다. 이때 30mmHg 정도의 압력을 유지하는 것이 매우 중요하다.

3 릴리징 페이스releasing phase

워킹 페이스 단계 후 자연스럽게 압력을 뺀다. 이때 손끝은 피부 위에 가볍게 놓여 있는 상태여야 한다.

4 제로포인트zero point

압력이 없는 정지 상태로 다음 풀 스트레칭을 위한 준비단계이다. 이 단계는 고객의 피부가 붉어지거나 통증이 느껴서는 안 된다.

경부 림프 드레니쥐

1 가슴 쓰다듬기

흉골 중앙에서 겨드랑이까지 엄지손가락으로 5번 나누어 쓰다듬는다.
다섯 번째 쓰다듬기는 쇄골을 따라 실시한다.

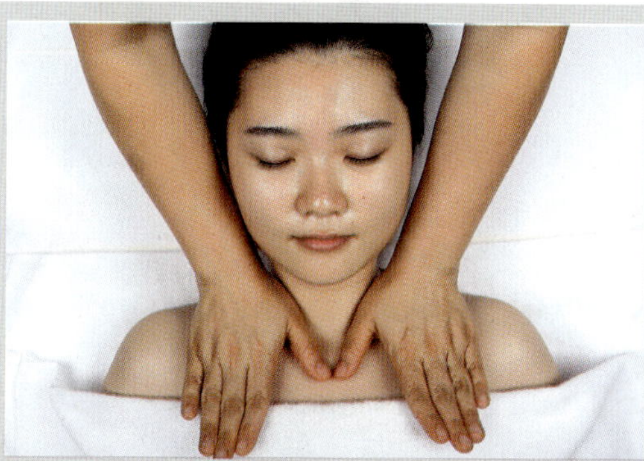

1

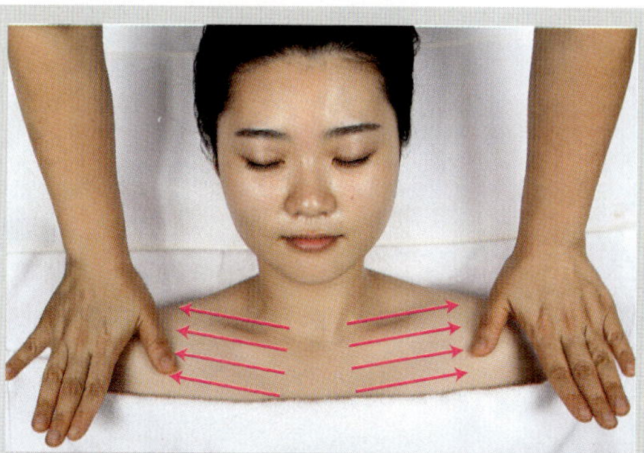

2

2 경부 림프절 드레니쥐

① 목 프로펀더스(profundus)

귀 뒤 프로펀더스에 검지, 중지, 약지를 가볍게 대고 고정원 그리기 동작을 5회 실시한다.

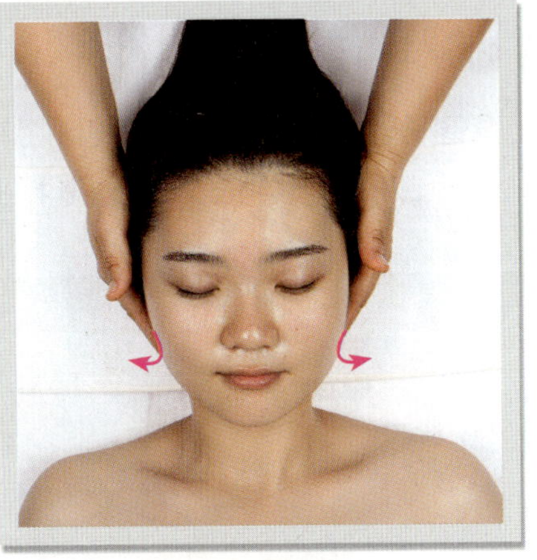

② 미들(middle)

목 중간(흉쇄유돌근)에 검지, 중지, 약지를 가볍게 대고 고정원 그리기 동작을 5회 실시한다.

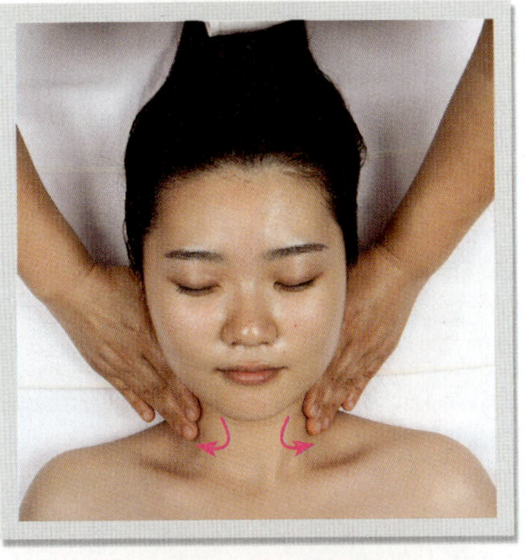

③ 터미너스(terminus)

쇄골상부 터미너스부위에 검지를 대고 터미너스 방향으로 피부를 풀 스트레칭시키고 가볍게 힘을 뺀다. 5회 실시한다.

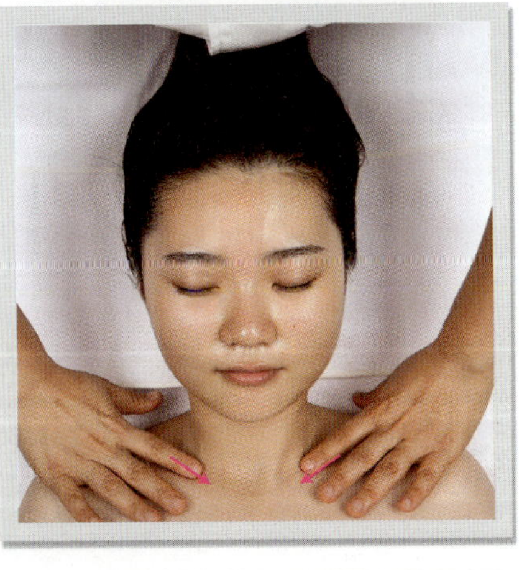

3 하악 림프드레쥐

턱의 끝부분에서 하악각까지 세 부분으로 나누어서 각 5회씩 고정원 그리기를 실시한다.

① 턱 중앙

검지, 중지, 약지를 턱 바로 밑에 대고 손가락 끝 방향에서 가운데 방향으로 고정원 그리기 동작을 5회 실시한다.

② 턱 중앙과 하악각 사이

검지, 중지, 약지를 턱 중앙과 하악각 사이에 대고 손가락 끝 방향에서 가운데 방향으로 고정원 그리기 동작을 5회 실시한다.

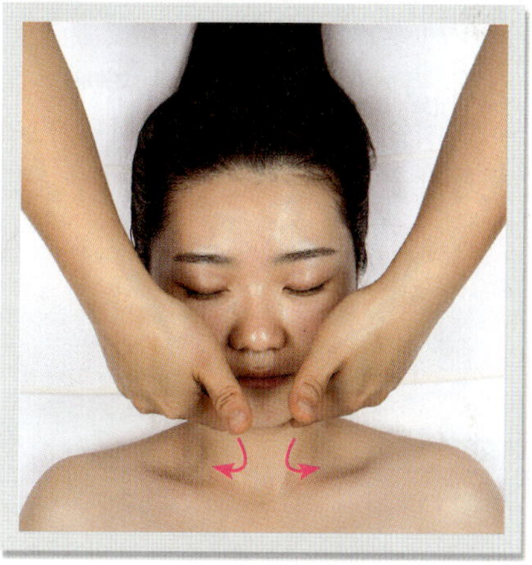

③ 하악각

검지, 중지, 약지를 하악각에 대고 손가락 끝 방향에서 가운데 방향으로 고정원 그리기 동작을 5회 실시한다.

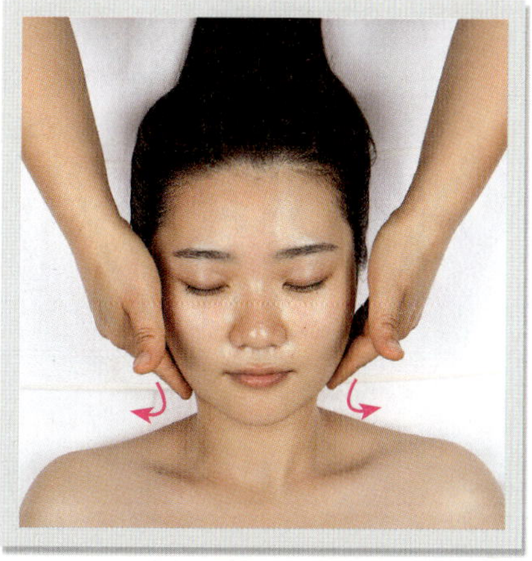

3 계속

④ 목 프로펀더스(profundus)

귀 뒤 프로펀더스에 검지, 중지, 약지를 가볍게 대고 고정원 그리기 동작을 5회 실시한다.

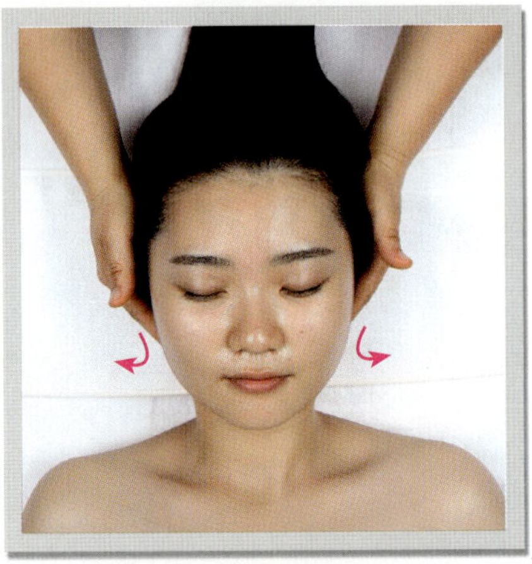

⑤ 미들(middle)

목 중간(흉쇄유돌근)에 검지, 중지, 약지를 가볍게 대고 고정원 그리기 동작을 5회 실시한다.

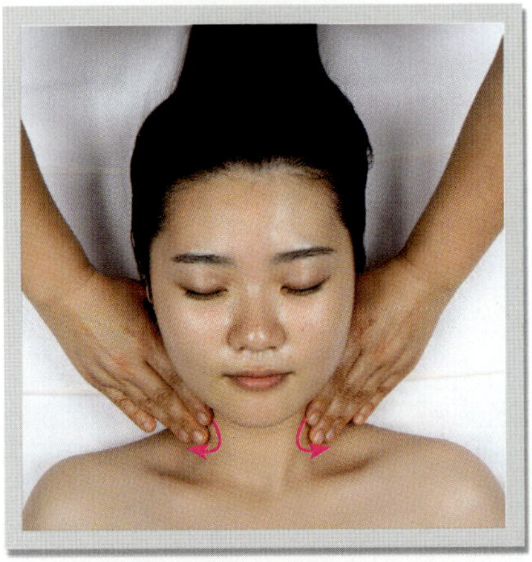

⑥ 터미너스(terminus)

쇄골상부 터미너스부위에 2지를 대고 터미너스 방향으로 피부를 풀 스트레칭시키고 가볍게 힘을 뺀다. 5회 실시한다.

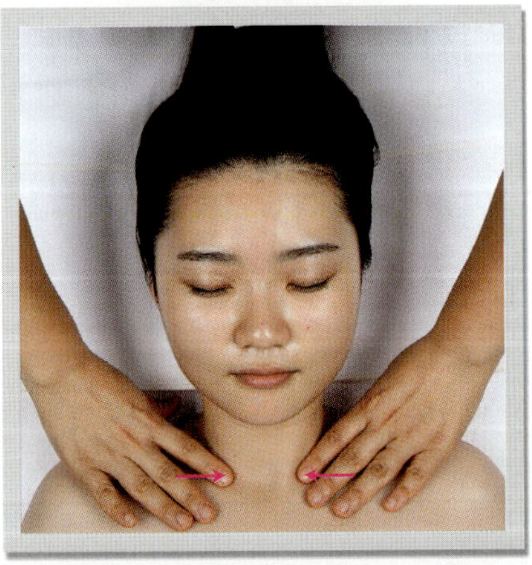

4 포크 기법 림프 드레니쥐

검지, 중지를 귀 앞과 뒤에 끼우고 고정원 그리기 동작을 5회 실시한다.

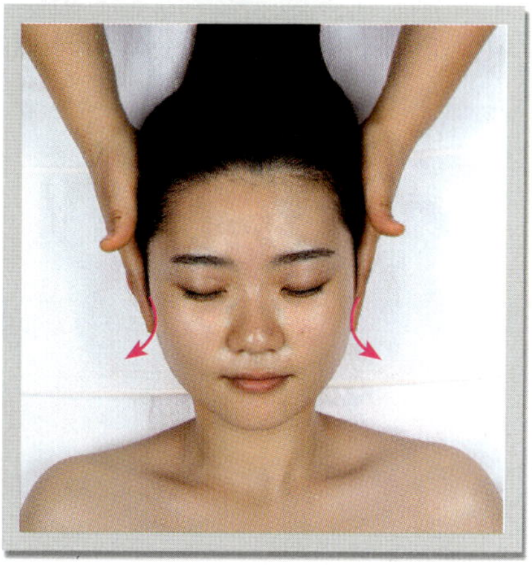

① 목 프로펀더스(profundus)

귀 뒤 프로펀더스에 검지, 중지, 약지를 가볍게 대고 고정원 그리기 동작을 5회 실시한다.

② 미들(middle)

목 중간(흉쇄유돌근)에 검지, 중지, 약지를 가볍게 대고 고정원 그리기 동작을 5회 실시한다.

③ 터미너스(terminus)

쇄골상부 터미너스부위에 검지를 대고 터미너스 방향으로 피부를 풀 스트레칭시키고 가볍게 힘을 뺀다. 5회 실시한다.

5 가슴 쓰다듬기

흉골 중앙에서 겨드랑이까지 엄지손으로 5번 나누어 쓰다듬는다.
다섯 번째 쓰다듬기는 쇄골을 따라 실시한다.

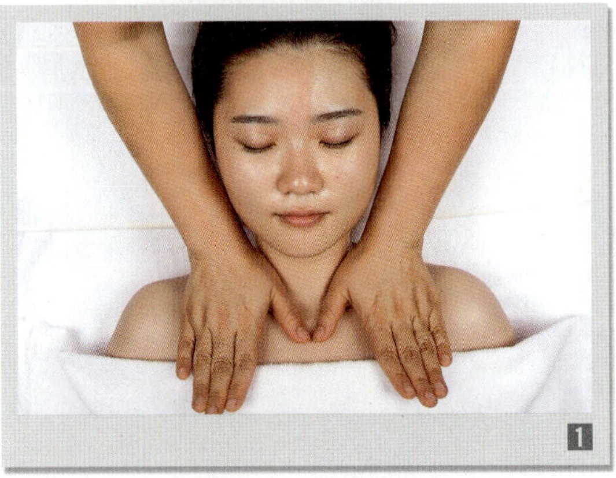

1

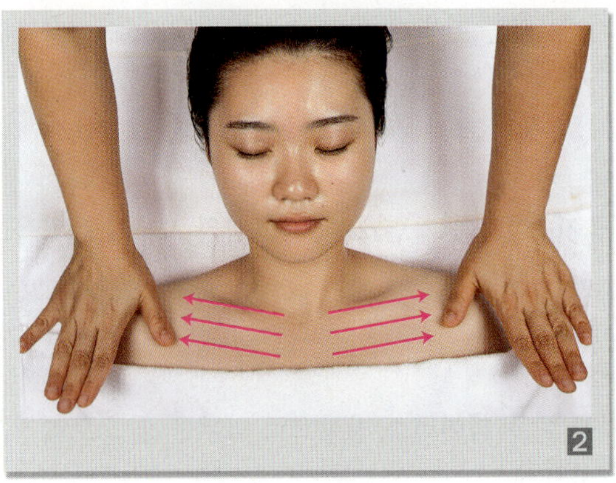

2

훼이셜 림프 드레니쥐

1 얼굴 쓰다듬기

① 턱선부위를 엄지와 검지를 이용하여 턱선 중앙에서 앵글루스(angulus)부분까지 3회 쓸어준다.

1

2

② 인중에서 파로티스(parotis)까지 엄지를 이용하여 3회 쓸어준다.

1

2

1 계속

③ 코끝에서 파로티스(parotis)까지 엄지를 이용하여 3회 쓸어준다.

④ 이마중앙에서 템프러리스(tempolaris)까지 엄지를 이용하여 3회 쓸어준다.

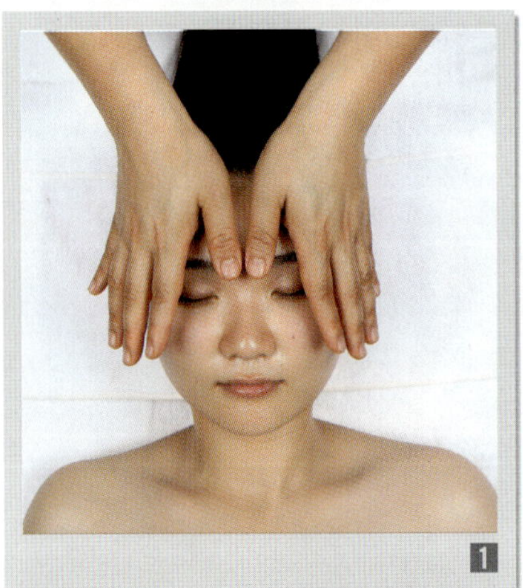

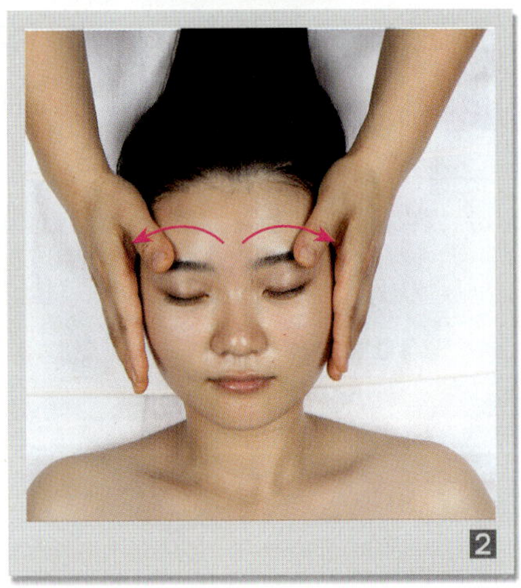

2 턱부위 림프 드레니쥐

턱중앙(이근)에서부터 앵글루스(angulus)부분까지 3부분으로 나누어서 정지상태 원동작을 5회 실시한다.

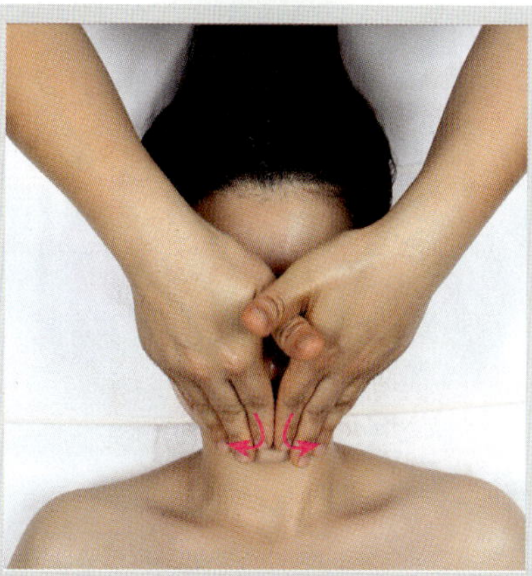
1

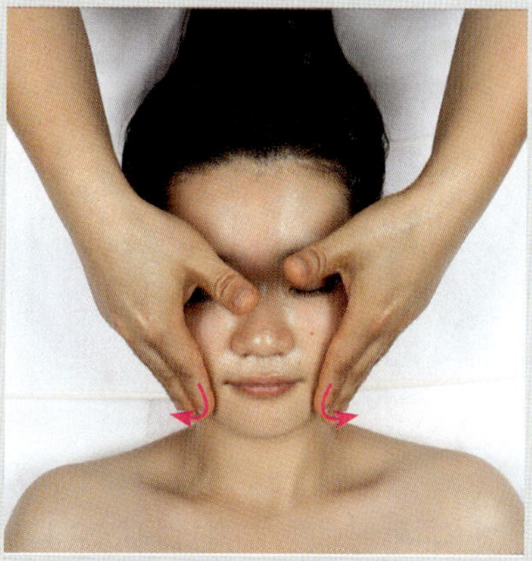
2

3

3 윗입술부위 림프 드레니쥐

① 인중부위를 중지를 이용하여 정지상태 원동작을 5회 실시한다.

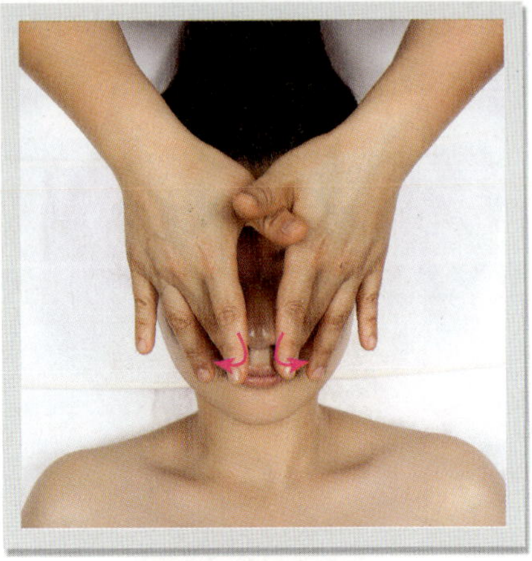

② 광대뼈(거료)중앙에 검지, 중지, 약지를 이용하여 정지상태 원동작을 5회 실시한다.

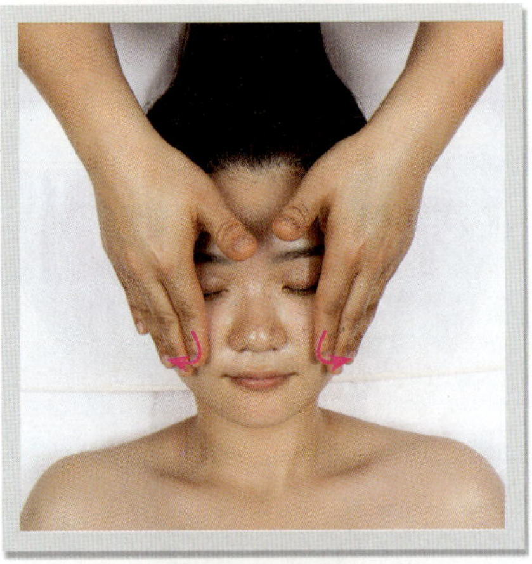

③ 파로티스(parotis) 부분을 검지, 중지, 약지를 이용하여 정지상태 원동작을 5회 실시한다.

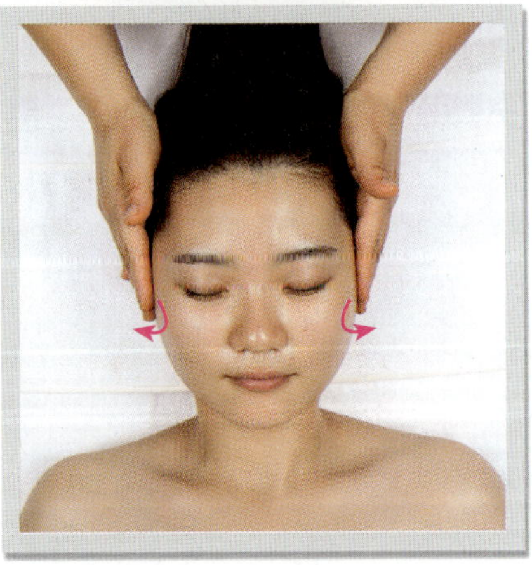

3 계속

④ 목 프로펀더스(profundus)

귀 뒤(유양돌기)부위에 검지, 중지, 약지를 이용하여 정지상태 원동작을 5회 실시 한다.

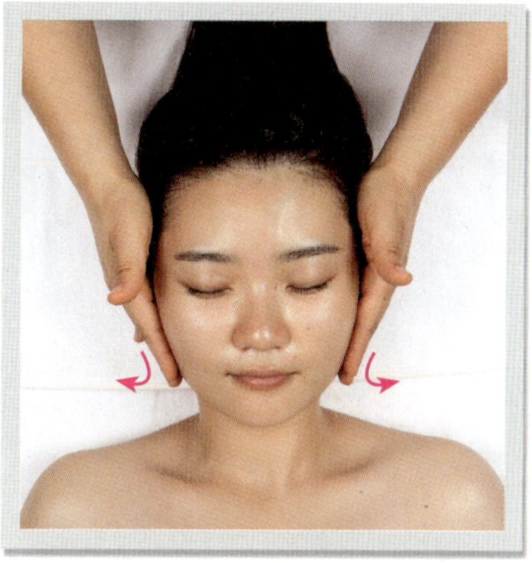

⑤ 미들(middle)

목 중간(흉쇄유돌근)부위에 검지, 중지, 약지를 이용하여 정지상태 원동작을 5회 실시한다.

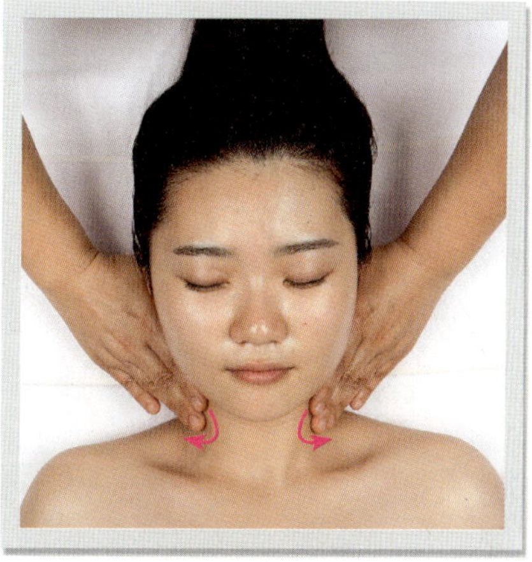

⑥ 터미너스(terminus)

쇄골 안쪽 터미누스부위에 검지를 이용하여 풀 스트레칭을 5회 실시한다.

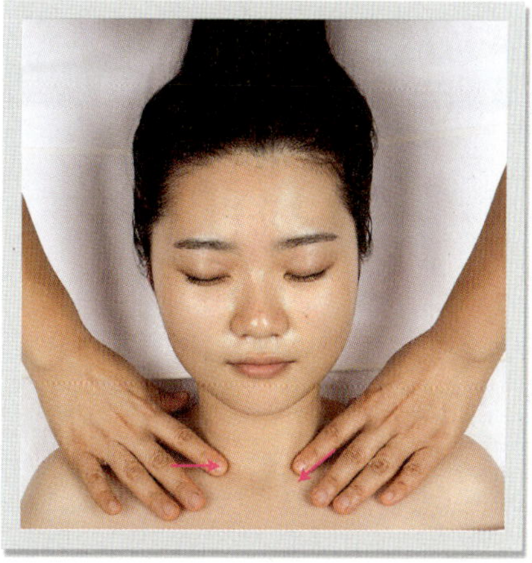

4 코부위 림프 드레니쥐

① 코끝, 코중간, 코뿌리부위를 각 3부분으로 나누어서 정지상태 원동작을 5회 실시한다.

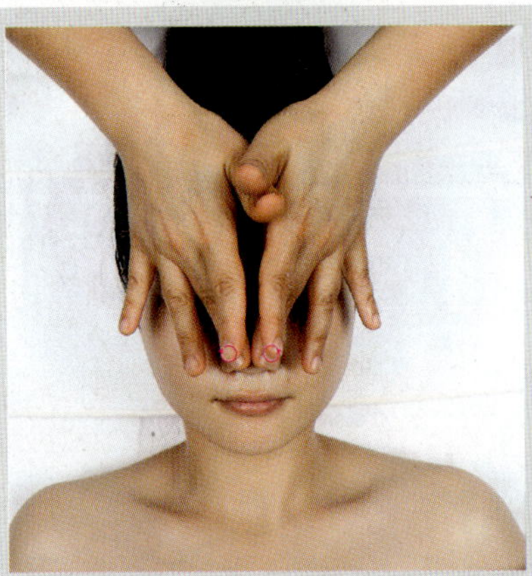

1

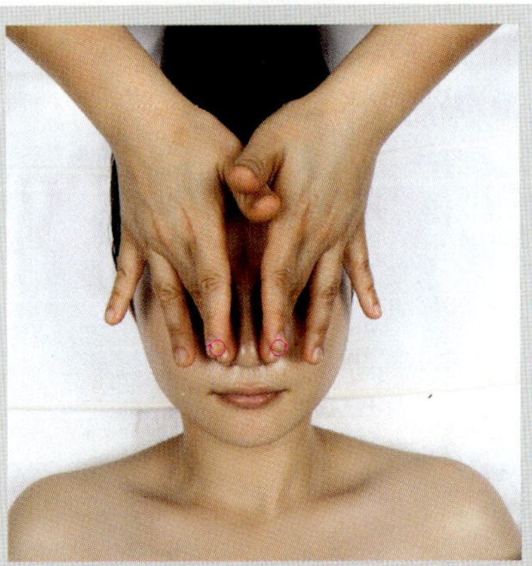

2

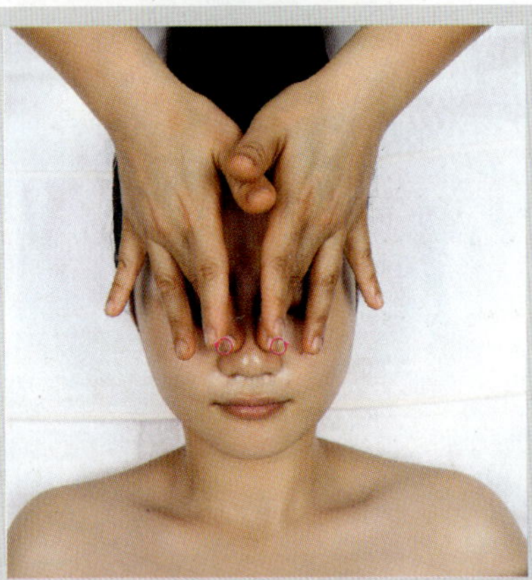

3

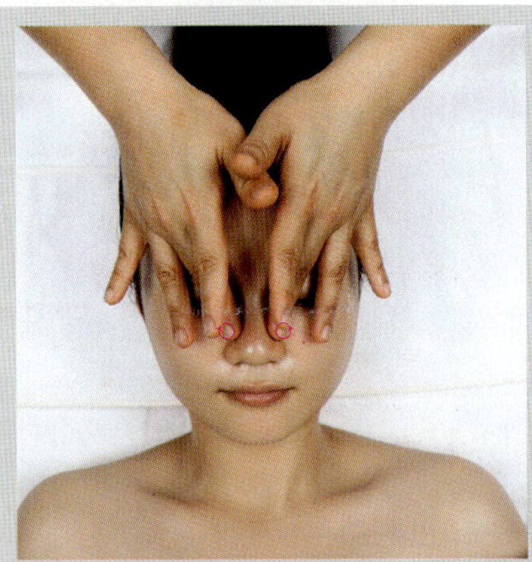

4

4 계속

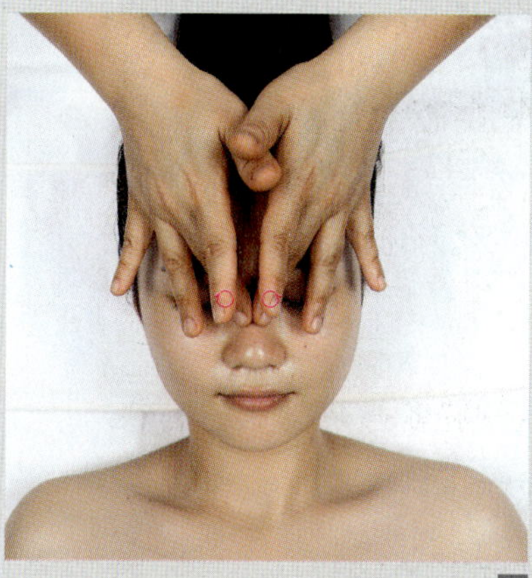
5

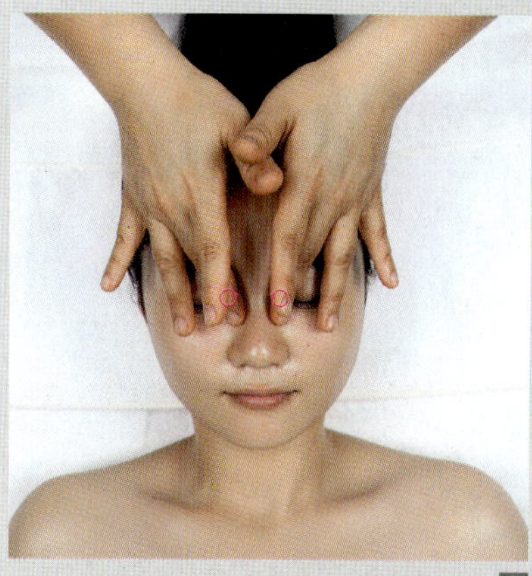
6

② 코뿌리에서 콧망울까지 3부분으로 나누어서 풀 스트레칭을 5회 실시한다.

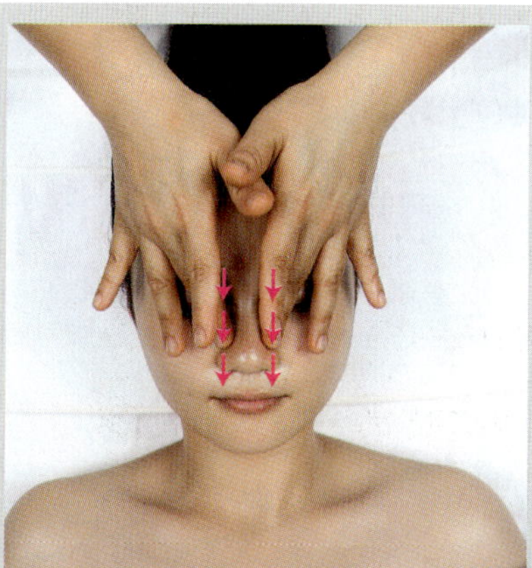
1

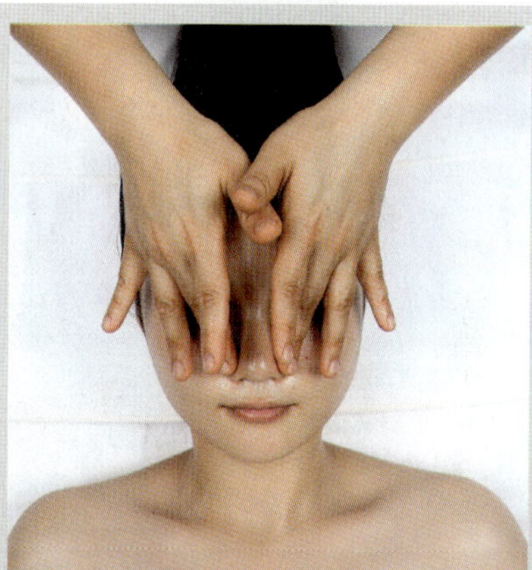
2

5. 롱저니 the long journey

콧망울옆, 입술끝, 턱중앙(이근)을 검지, 중지, 약지를 이용하여 정지상태 원동작을 실시한다.

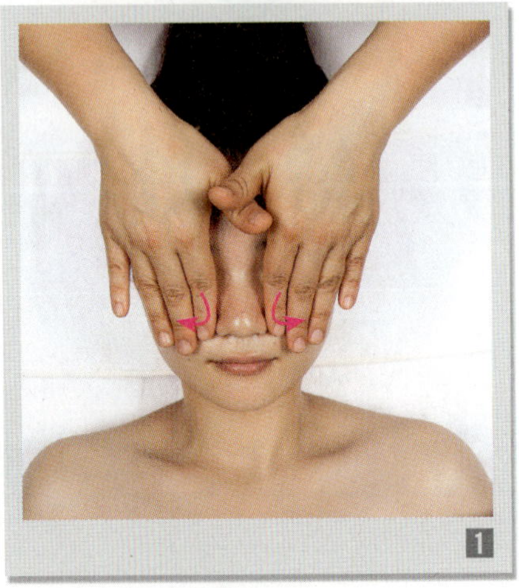

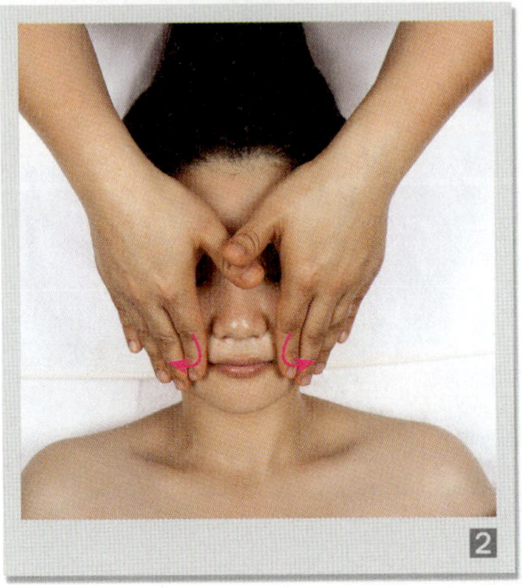

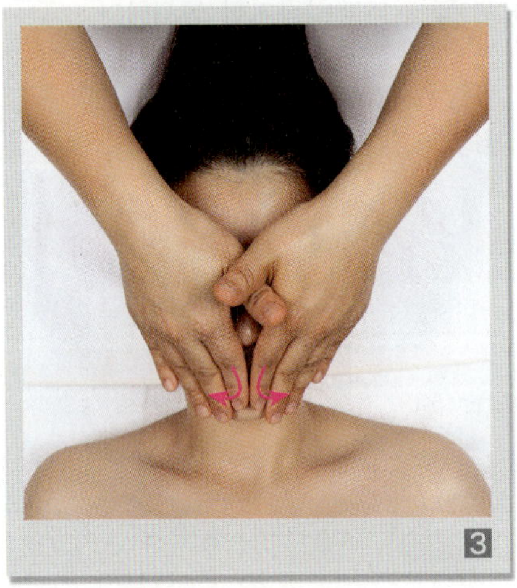

6 턱밑(이복근)관리 림프 드레니쥐

아래턱 중앙에서 하악각까지 검지, 중지, 약지를 이용하여 정지상태 원동작을 5회 실시한다.

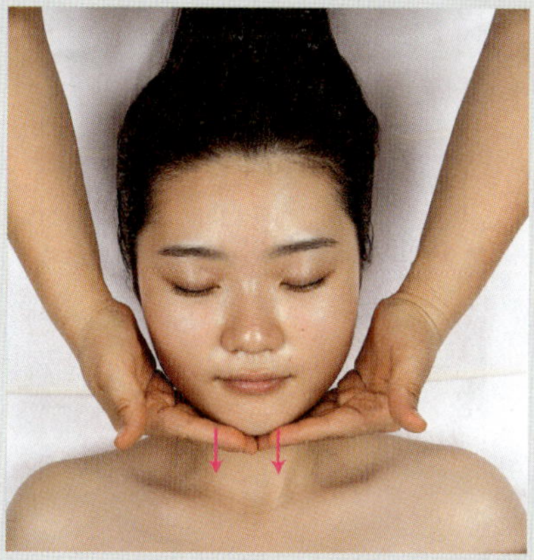

1

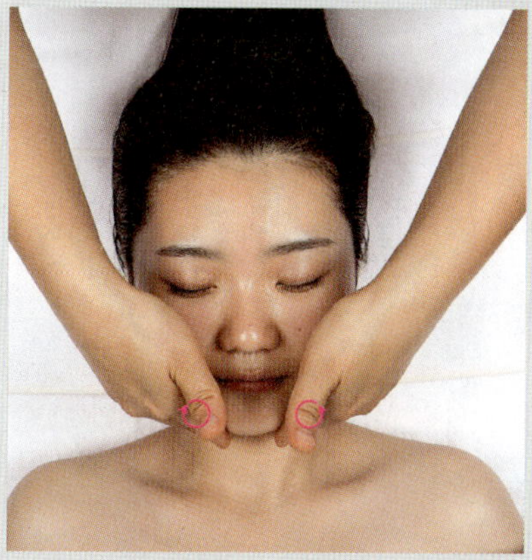

2

7 눈관리 림프 드레니쥐

① 눈 아래 세부분을 중지를 이용하여 정지상태 원동작을 5회 실시한다.

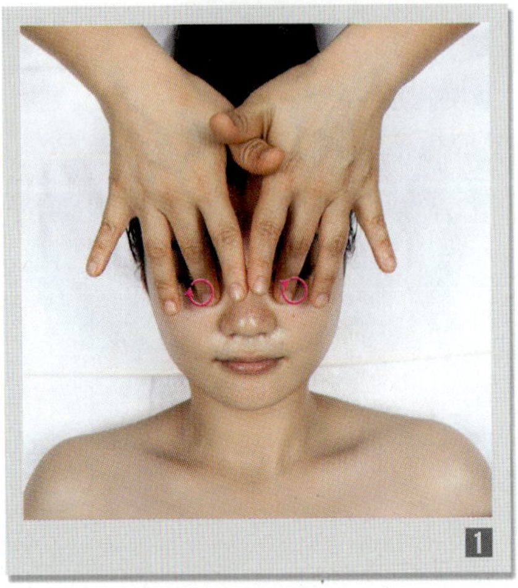

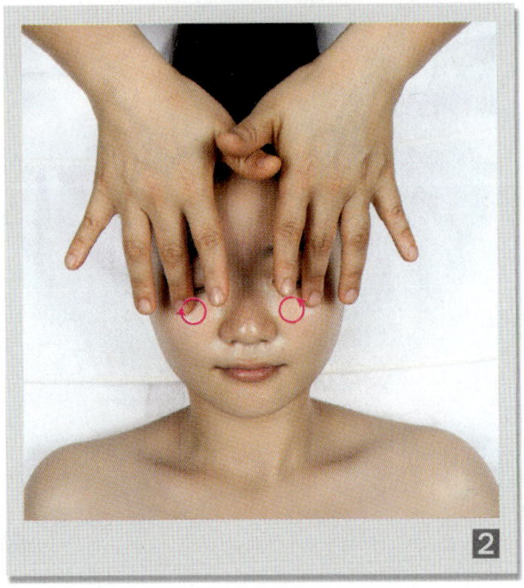

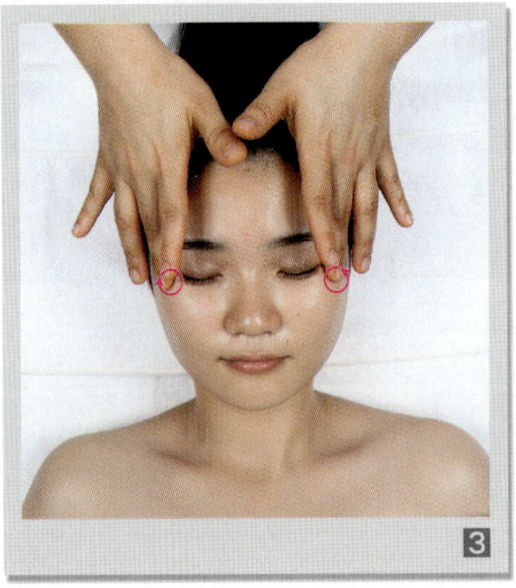

7 계속

② 눈물샘에서 눈썹머리쪽으로 검지를 이용하여 5회 쓸어올려준다.

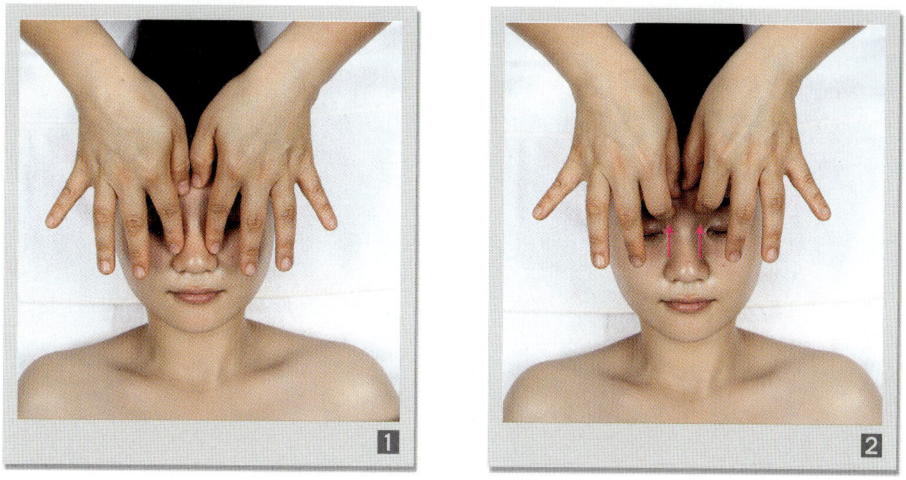

③ 엄지와 검지를 이용하여 눈썹 근육을 가볍게 5회 집어준다.

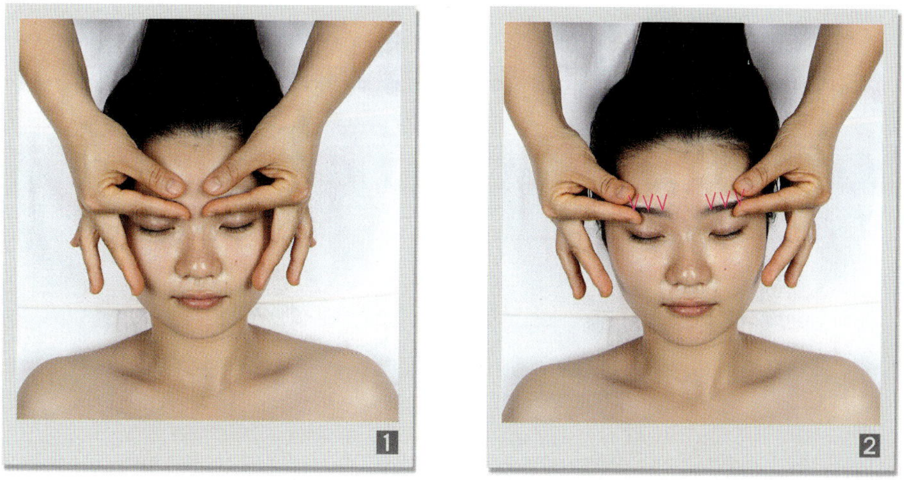

8 나비동작 림프 드레니쥐

엄지로 양미간부위를 쓸어올린후 엄지 손가락을 90° 세운다. 엄지측면으로 눈썹근육을 지나 템프러리스(temporalis)를 살짝 감싼 상태에서 가볍게 누른 다음 손을 떼어내는 동작을 3회 실시한다.

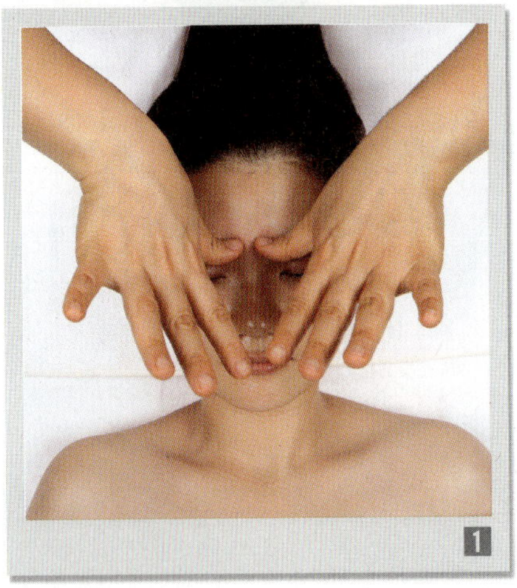

9 눈썹 림프 드레니쥐

눈썹부위를 3부분으로 나누어 중지를 이용하여 정지상태 원동작을 실시한다.

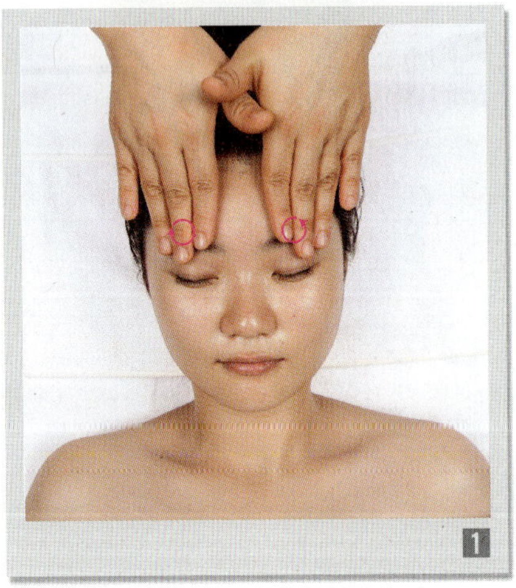

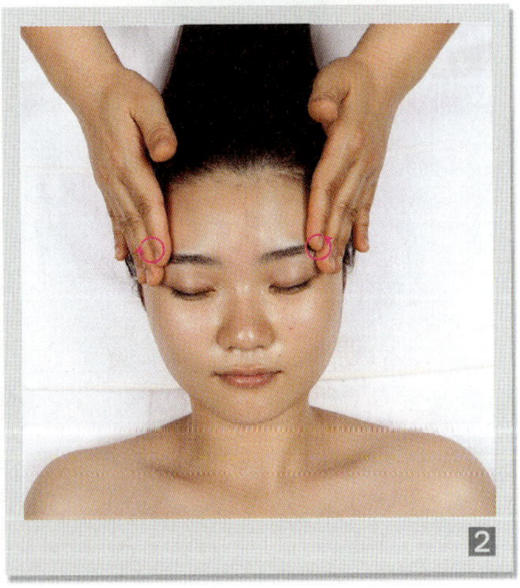

10 이마관리 림프 드레지쥐

이마 중앙부터 3부분으로 나누어 정지상태 원동작을 실시한다.

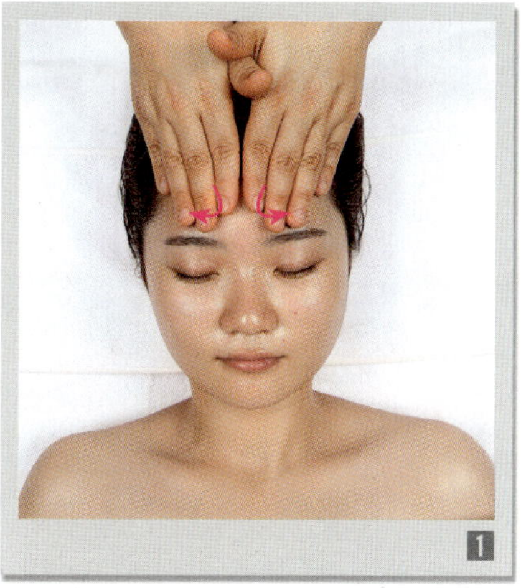

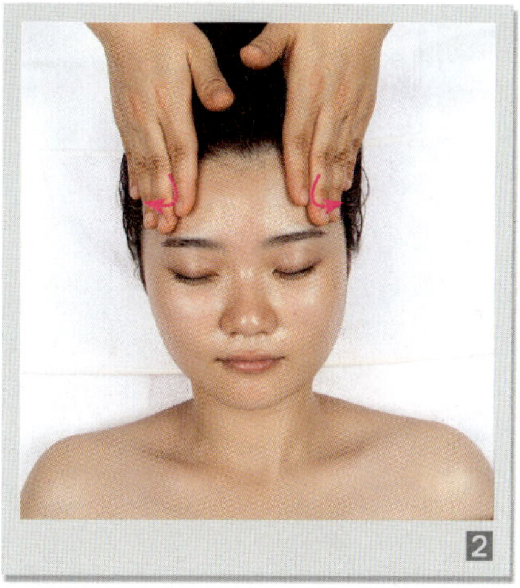

11 훼이셜 측면 림프 드레니쥐

템프러리스(tempolaris), 파로티스(parotis), 앵굴루스(angulus)부분을 검지, 중지, 약지를 이용하여 정지상태 원동작을 실시한다.

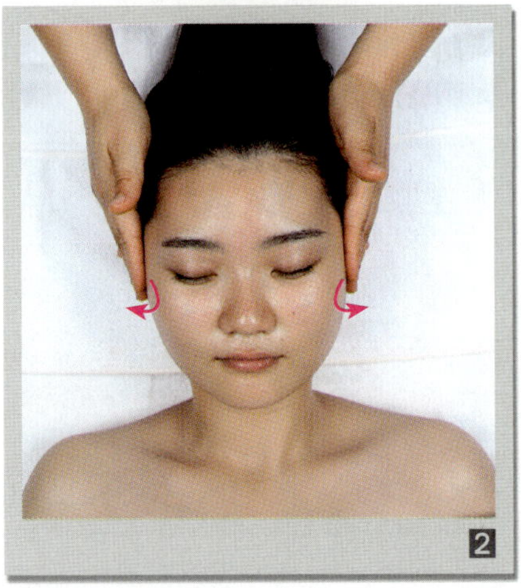

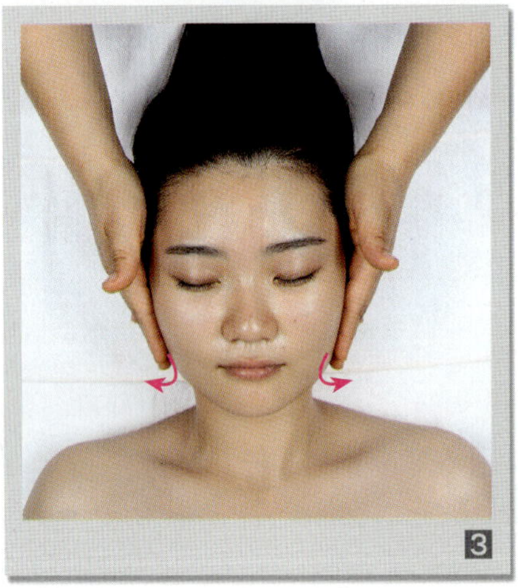

① 목 프로펀더스(Profundus)

귀 뒤 (유양돌기)부위에 검지, 중지, 약지를 이용하여 정지상태 원동작을 10회 실시 한다.

② 미들(Middle)

목 중간(흉쇄유돌근)부위에 검지, 중지, 약지를 이용하여 정지상태 원동작을 5회 실시한다.

③ 터미너스(Terminus)

쇄골 안쪽 터미누스 부위에 검지지를 이용하여 풀 스트레칭을 5회 실시한다.

12 얼굴 쓰다듬기

① 이마 중앙에서 펜프롤티스까지 엄지를 이용하여 3회 쓸어준다.

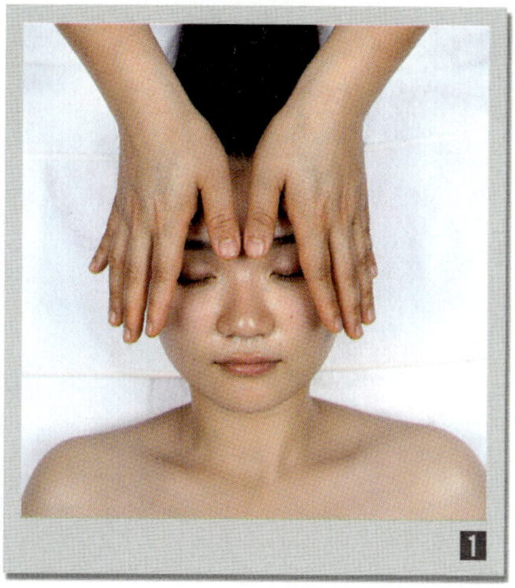

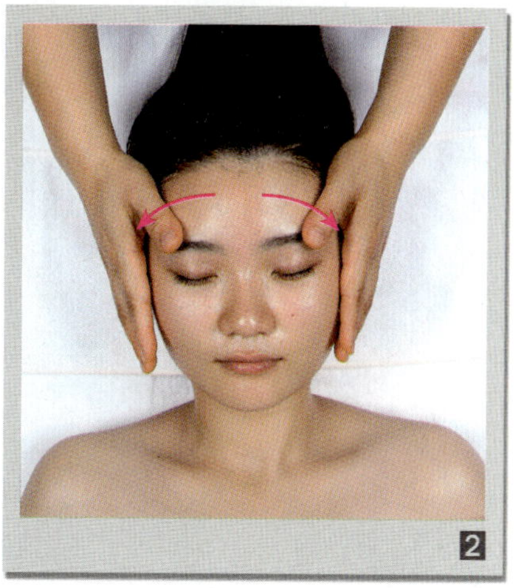

② 코끝에서 파로티스까지 엄지를 이용하여 3회 쓸어준다.

12 계속

③ 인중에서 파로티스까지 엄지를 이용하여 3회 쓸어준다.

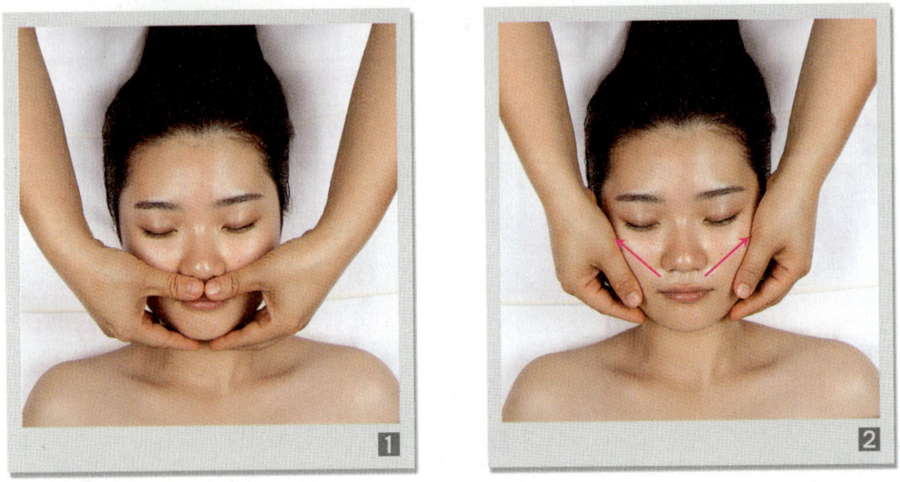

④ 턱선부위를 엄지, 검지를 이용하여 턱선 중앙에서 앵글루스까지 3회 쓸어준다.

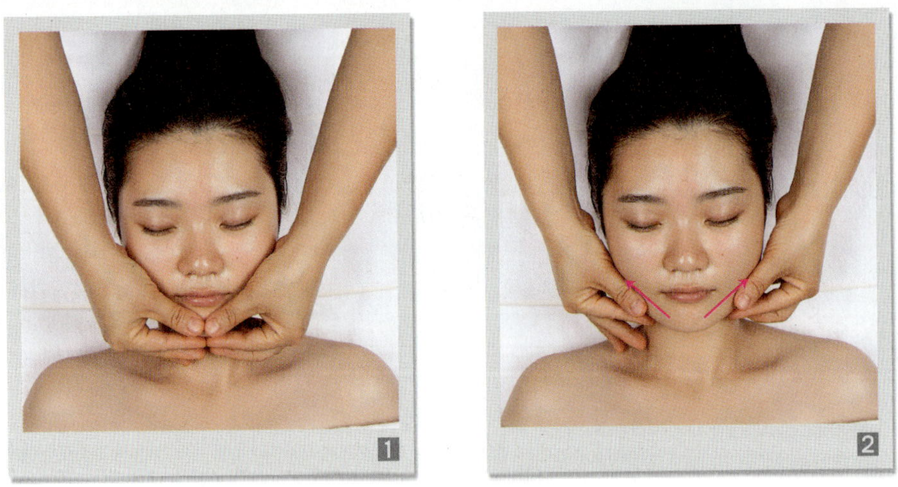

CHAPTER 6

팩과 마스크

1. 팩과 마스크의 의미
2. 팩과 마스크의 작용 및 효과
3. 팩과 마스크의 성분 기준
4. 팩과 마스크 시술 시 유의사항
5. 팩과 마스크 시술 시 준비사항
6. 팩과 마스크의 종류

1 팩과 마스크의 의미

단원별 핵심 포인트 및 교육목표

- 피부유형에 따라 팩과 마스크의 종류를 선택할 수 있다.
- 팩과 마스크의 사용방법을 알게 하고 사용 전 유의사항을 알 수 있다.
- 팩과 마스크 적용 시 팩과 마스크의 두께와 바르는 방향 및 방법, 시간 등을 유의하여 도포할 수 있다.
- 팩과 마스크의 종류에 따라 제거 시 유의사항을 알게 하여 고객으로 하여금 불편하지 않도록 할 수 있다.

팩과 마스크는 고대 이집트로부터 유래되었으며 다양한 형태의 진흙, 토양, 꿀, 곡물가루, 돌가루 등이 사용되었다고 전해지고 있다. 팩(pack)은 영어의 "packge"에서 유래하여 '싸다, 둘러싸다, 포장하다, 감싸준다'라는 의미를 담고 있다. 또한 마스크(mask)는 '덮어 가리다, 막다, 가면' 등의 의미로 미국이나 유럽 등지에서 사용하기 시작하였다. 하지만 현재는 팩과 마스크의 차이는 기능이나 효과면에서 거의 같으므로 두 가지 모두 같은 용어로 사용되고 있다. 엄밀하게 구분하자면 팩은 재료를 도포 후 시간이 경과하여도 재료의 상태 변화가 거의 없지만 마스크는 시간이 경과하면 재료가 응고되어 막을 형성하거나 굳어 가면이 형성된다. 하지만 팩과 마스크는 외부의 공기가 피부와 접촉하는 것을 외부공기가 피부와 차단함으로써 영양공급 및 혈액순환 및 근육이완을 도와 피부에 미치는 영향 및 작용은 동일하다.

2 팩과 마스크의 작용 및 효과

- 피부의 노폐물을 제거하는 청정작용이 있다.
- 민감피부 및 모세혈관확장 피부를 진정시키는 진정작용을 한다.
- 과다한 피지를 제거하고 모공을 수축하여 주는 수렴 작용이 있다.
- 노화피부의 탄력저하를 막아주고 주름을 완화시켜주는 긴장작용이 있다.
- 기미나 주근깨 등의 색소침착 피부를 맑게 해주는 미백작용이 있다.
- 여드름 피부에 적합한 염증완화 및 살균, 항균 작용이 있다.
- 건성피부에 적합한 보습작용 효과가 있다.

3 팩과 마스크의 성분 기준

- 피부에 자극적인 성분이나 독성이 없어야 한다.
- 성분의 입자가 부드러워야 하며 날카로운 이물질이 없어야 한다.
- 피부에 도포가 용이하여야 하며 쉽게 제거할 수 있어야 한다.

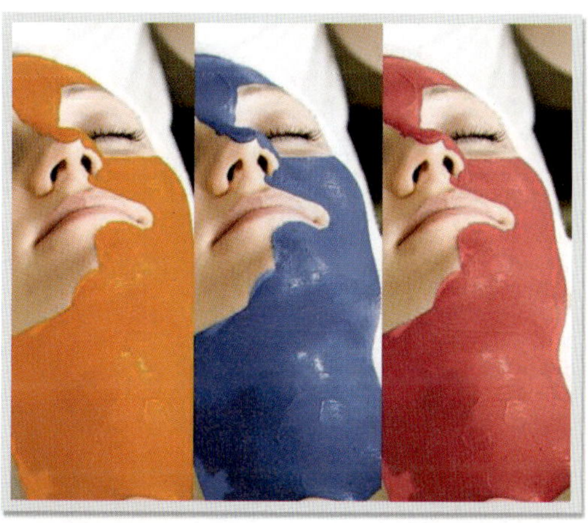

출처: 마르지아클리닉

4 팩과 마스크 시술 시 유의사항

- 피부유형을 잘 파악하여 피부에 맞는 재료를 선택하여야 한다.
- 지나치게 예민한 피부는 시술 전에 패치테스트(patch test)를 실시한다.
- 일반적으로 피부의 표피층이 얇은 눈과 입 주변은 패드를 올려주고 팩제를 도포하지 않는다.
- 팩과 마스크의 도포는 신속하게 하여 처음 도포한 부위와 나중에 도포한 부위의 시간차이를 좁혀야 한다.
- 재료의 특성을 잘 파악하여 바르는 부위별 두께와 시간을 잘 조절할 수 있어야 한다.
- 대체로 모든 재료는 피부톤이 보이지 않도록 펴 바르고 안쪽에서 바깥으로 피부결 방향으로 도포한다.
- 팩과 마스크 제거 시 불편하지 않도록 젖은 거즈 위에 재료를 도포하는 것을 원칙으로 한다.
- 대부분 재료 도포 후 15~20분 경과 후 제거하며 제거 시 고객이 불편하지 않도록 유의하여야 한다.
- 피부특성별 팩과 마스크의 사용 횟수는 다를 수 있지만, 대체로 1주일에 1~2번이 적당하다.

5 팩과 마스크 시술 시 준비사항

- 훼이셜관리 후 화장수로 피부를 정돈한다.
- 경우에 따라서 아이크림과 립크림, 에센스를 도포한다.
- 머리카락에 팩과 마스크의 제품 및 재료가 묻지 않도록 터번과 함께 티슈로 잘 감싸준다.
- 팩과 마스크의 제품 및 재료를 미리 준비하고, 스파츌라, 팩브러시, 거즈, 화장솜, 볼 등 필요한 도구 및 기자재를 확인해 둔다.
- 팩과 마스크를 올린 후 고객이 휴식을 취할 수 있도록 조용하게 하여야 한다.
- 고객의 의견을 물어보고 팔이나 다리를 관리하여 고객의 휴식에 방해가 되지 않아야 한다.

6 팩과 마스크의 종류

천연팩natural park

(1) 야채와 과일팩

① 특징

- 천연팩이란 가공하지 않은 식용이 가능한 모든 천연제품을 이용하며, 종류가 다양하고 재료에 따라 각각의 효능이 다르다.
- 과일과 야채에는 피부에 좋은 비타민 성분을 다량 함유하고 있어 피부 탄력과 보습작용을 촉진한다.
- 멜라닌 색소의 과다생성을 억제하고 맑고 투명한 피부로 가꾸어준다.
- 피부노화를 지연시키고 자외선으로부터 피부를 보호해 준다.
- 인공향이나 방부제가 없기 때문에 피부에 자극을 주지 않는다.
- 상큼한 과일향이 기분을 좋게 하여 스트레스 완화작용이 있다.

② 유의사항

- 과일과 야채 등은 가급적 유기농 제품을 사용하도록 한다.
- 방부제를 첨가하지 않으므로 사용할 수 있는 분량만 만들어 사용한다.
- 만들어서 남은 분량은 냉장고에 넣어 보관하고 되도록 빠른 시일 내에 사용하도록 한다.
- 팩 재료는 강판에 갈아 즙을 내어 사용하되 물기가 많으면 밀가루를 섞어 묽기를 조정하여 사용한다.
- 도포 시에는 반드시 아이패드와 립패드를 하여야 하며, 거즈를 사용하여 제거가 용이하도록 해야 한다.

③ 팩 적용 및 제거하기

- 모든 천연팩 재료는 곱게 갈아 즙을 내어 밀가루와 꿀 등을 섞어 흘러내리지 않을 정도의 묽기로 준비한다.
- 밀가루는 팩재료가 흘러내리지 않도록 점도를 형성해 주는 동시에 피부에 미백 효과를 주며, 꿀은 비타민을 많이 함유하고 있어 피부영양공급에 효과적이므로 모든 피부에 사용할 수 있다.
- 천연팩 재료에 밀가루와 꿀을 적정량 섞어 개어 얼굴에 아이패드와 립패드를 올린 후 물에 적힌 거즈를 꼭 짜서 얼굴 전체에 덮고 개어 둔 팩제를 스파츌라를 이용하여 얇게 펴 바른 다음 15~20분 정도 경과하면 거즈와 함께 제거한 후 해면으로 가볍게 닦아내고 냉 습포 후 마무리한다.

④ 종류

딸기

:: 각질을 없애주며 여드름이 잘 나는 피부에 효과적이다.

:: 수분, 보습, 수렴, 피부영양에 효과적이다.

:: 딸기에 함유된 비타민 C가 멜라닌 색소형성을 억제하여 피부를 맑게 한다.

레몬

:: 미백, 피지제거, 피부청결, 탄력을 부여하는 효과가 있다.

:: 기미, 노화 피부에 효과적이다.

바나나

:: 피부를 매끄럽게 하며 보습 효과가 있다.

:: 각종 영양이 많아 피부의 회복을 도와준다.

:: 얼굴이 당기거나 거칠고 수분이 부족한 건성 피부에 효과적이다.

사과

:: 피부를 투명하고 매끄럽게 한다.

:: 피부에 탄력성을 부여하고 노폐물을 제거한다.

:: 수렴 효과가 탁월해 모공이 넓은 피부, 민감한 피부에 효과적이다.

오렌지

:: 피부를 희고 건강하게 만들어준다.

:: 거칠고 건조한 피부, 기미, 주근깨가 많은 피부에 효과적이다.

수박

:: 보습 효과가 뛰어나 피부가 촉촉해지며 미백 효과가 있다.

:: 햇볕에 노출되어 화끈거리는 피부에 효과적이며 피로를 풀어준다.

키위

:: 보습, 미백 효과가 좋다.

:: 칙칙한 피부, 기미, 주근깨, 햇볕에 탄 피부, 지성 피부에 효과적이다.

포도

:: 피부를 부드럽게 만들고, 미백, 보습, 탄력의 효과가 있고 주름을 완화시킨다.
여드름 피부를 진정시키는 효능이 있다.

:: 여드름 피부, 건성, 노화 피부에 좋다.

감자

:: 햇볕에 그을려 화끈거리는 피부에 뛰어난 효과를 발휘한다.

:: 감자즙은 기미와 빨갛게 부어오른 여드름 피부에 도움을 준다.

:: 감자를 얇게 저며 부은 눈에 올려놓으면 효과적이다.

당근

:: 카로틴(비타민A)은 피지 분비를 원활하게 해준다.

:: 여드름 흉터가 있는 피부를 깨끗하게 회복시켜 주는 효능이 있다.

:: 지성 피부, 햇볕에 탄 피부에 좋다.

오이

:: 미백, 수렴, 보습 효과와 붉게 달아오른 피부의 열기를 빨리 식히는 데 좋다.

:: 소염, 진정, 염증 등이 일어나기 쉬운 민감성 피부에 좋다.

:: 오이꼭지는 기미에 좋은 효과가 있다.

:: 엽록소, 비타민 C, 각종 무기질이 함유되어 있어 진정 작용이 있다.

토마토

:: 자외선에 자극 받은 피부를 진정시켜준다.

:: 지성 피부, 건성 피부, 여드름 피부에 좋으며, 피부를 촉촉하게 해 준다.

배

:: 당뇨병 예방, 변비, 콜레스테롤 상승을 억제한다.

:: 비만 및 변비에 의한 여드름 피부에 효과적이다.

파인애플

:: 피부미백 효과가 있다.

양배추

:: 피지분비를 억제하며, 여드름 피부나 지성 피부에 효과적이다.

해초

:: 피부를 청결하고 건강하게 만드는 효능이 있다.

:: 피부보습, 진정작용, 피부영양공급 등의 효과가 있다.

:: 건조하여 거친 피부에 좋다.

수세미

:: 혈액순환을 촉진시킨다.

:: 변비, 축농증, 얼굴이 후끈 달아오르는 증상 등에 효과가 있다.

:: 씨와 잎은 이뇨작용과 해독작용이 있으며, 소염작용에 효과가 크다.

시금치

:: 피부보습 및 영양공급에 효과가 크다.

:: 여드름 피부와 민감성 피부에 좋다.

알로에

:: 진정작용, 유연, 항 미생물, 항염증 성질을 가진 유연제로 사용된다.

:: 보습능력은 가장 널리 알려진 특징이다.

:: 수분을 조절하고 자외선을 흡수한다.

:: 민감한 피부와 햇빛에 타거나 노출된 피부에 도움이 된다.

:: 알로에 베라는 화상 치료제로 사용된다.

:: 주요 성분으로는 미네랄, 다당류, 아미노산, 탄수화물, 물이다.

:: 지루성 피부의 피지분비를 억제한다.

:: 항생작용, 멜라닌 색소억제, 미백작용에 효과가 있으며 피부를 부드럽게 한다.

:: 피부재생, 살균 및 소염작용, 모공수축, 여드름 및 모든 피부에 적용이 가능하다.

(2) 곡물팩grain park

① 특징

- 곡물팩은 식용 가능한 곡물을 가공하여 팩제로 사용하며, 종류가 다양하고 재료에 따라 각각의 효능이 다르다.
- 곡류에는 피부의 구성원인 지방질, 단백질, 토코페롤, 무기질 등을 다량 함유하고 있어 피부에 윤기와 함께 부드럽고 탄력을 부여하는 데 탁월한 효능이 있다.
- 멜라닌 색소의 과다생성을 억제하고 맑고 투명한 피부로 가꾸어 준다.
- 피부노화를 지연시키고 자외선으로부터 피부를 보호해 준다.
- 인공향이나 방부제가 없기 때문에 피부에 자극을 주지 않는다.

② 유의사항

- 방부제를 첨가하지 않으므로 사용할 수 있는 분량만 만들어 사용한다.
- 만들어서 남은 분량은 냉장고에 넣어 보관하고 되도록 빠른 시일 내에 사용하도록 한다.
- 팩 재료는 2가지 이상 혼용하지 않도록 한다.
- 곡물을 깨끗하게 씻어 물기를 바싹 말려 분쇄기로 고운 분말상태로 갈아 비닐팩이나 공기가 통하지 않는 용기에 담아 냉장고에 넣어 보관한다.
- 시중에 판매하는 제품을 사용할 때도 쓰고 남은 재료는 공기가 통하지 않는 용기에 담아 냉장고에 보관한다.
- 껍질을 벗긴 현미나 보리, 은행, 메밀 등은 씻지 않고 갈아서 사용이 가능하다.
- 도포 시에는 반드시 아이패드와 립패드를 하여야 하며, 거즈를 사용하여 제거 시 용이하도록 해야 한다.

③ 팩 적용 및 제거하기

- 모든 곡물팩 재료는 곱게 갈아 덩어리가 없도록 꿀, 우유, 요쿠르트 등을 섞어 흘러내리지 않을 정도의 묽기로 준비한다.

- 꿀은 비타민을 많이 함유하고 있어 피부영양공급에 효과적이므로 모든 피부에 사용할 수 있으며, 요쿠르트는 산성의 성분을 다량함유하고 있어 지성피부의 각질제거와 피지제거에 효과적이며, 우유는 단백질과 지방을 함유하고 있어 건성피부에 효과적이다.

Tip

우유와 요쿠르트의 효능

- 우유: 단백질, 지질이 다량 함유, 영양 풍부, 젖산이 각질 제거. 건성 피부에 효과적
- 요쿠르트: 산이 다량 함유, 묵은 각질 피지제거. 지성 피부에 효과적

- 준비된 곡물팩 재료를 얼굴에 아이패드와 립패드를 올린 후 물에 적힌 거즈를 꼭 짜서 얼굴 전체에 덮고 개어 둔 팩제를 스파츌라를 이용하여 얇게 펴 바른 후 15~20분 경과 후 거즈와 함께 제거한 후 해면으로 가볍게 닦아내고 냉습포 후 마무리한다.

④ 종류

현미(玄米)

:: 화장독으로 쓰린 피부를 달랜다.

:: 여드름으로 붉어진 피부의 염증을 완화시키는 효능이 있다.

보리(菩提)

:: 화장독이나 알레르기성 피부의 붉은 기를 다스려 막힌 혈행을 풀어준다.

:: 신진대사를 원활하게 피지생성을 억제한다.

:: 피부영양재로도 좋고 화장독 해독제로 탁월한 효능이 있다.

검은깨

:: 복용 시에는 변비치료와 영양 강장제로 사용한다.

:: 문제성 피부로 인해 영양이 결핍된 피부를 다스린다.

:: 피부 노화방지에도 탁월한 효능이 있다.

우리 밀

:: 피부의 검은 기운을 걷어내는 데 효과가 있다.

:: 피부의 노화방지 및 미백작용과 잔주름 피부에 효과적이다.

들깨

:: 거친 피부, 주근깨와 기미, 여드름을 짠 자국이 잡티로 변했을 때 효과적이다.

:: 햇볕에 그을린 피부가 회복되지 않거나 임신 후 피부가 심하게 거칠어질 때도 효과적이다.

콩

:: 피부의 노화를 지연시키고 잔주름을 완화시킨다.

:: 피부를 매끄럽고 윤기 있게 한다.

:: 여드름, 기미, 넓은 모공에 효과적이다.

메밀

:: 필요 이상의 산화지방을 제거한다.

:: 각질제거에 효과적이다.

은행

:: 피부회복이 어려운 문제성 피부의 혈액순환을 도와 노폐물을 제거하는 데 탁월한 효과가 있다.

쌀

:: 여드름 예방과 미백 효과가 있다.

:: 노폐물 제거에 효과가 있다.

:: 부드러운 피부로 가꿔주는 효능이 있다.

옥수수

:: 피부건조와 노화를 예방한다.

:: 습진예방에 효과적이다.

미강

:: 비타민A, 철분, 인, 미네랄 등 다양한 영양소들이 함유되어 있어, 변비를 예방한다.

:: 팩으로 사용하면 노화지연, 기미, 잔주름 예방에 도움을 준다.

:: 클렌징에 효과가 있고 아토피에도 효능이 있다.

참깨

:: 피부와 모공 속에 쌓인 불필요한 각질을 제거하고 수분을 공급하여 피부를 깨끗이 한다.

팥

:: 사포닌이 많이 함유되어 있다.

:: 피지제거, 미백, 모공청소, 딥클렌징, 해독 효과가 있다.

:: 팥가루는 모공 속의 피지 및 노폐물을 제거한다.

:: 피부를 매끄럽고 윤기나게 한다.

한방팩 korea medicine pack

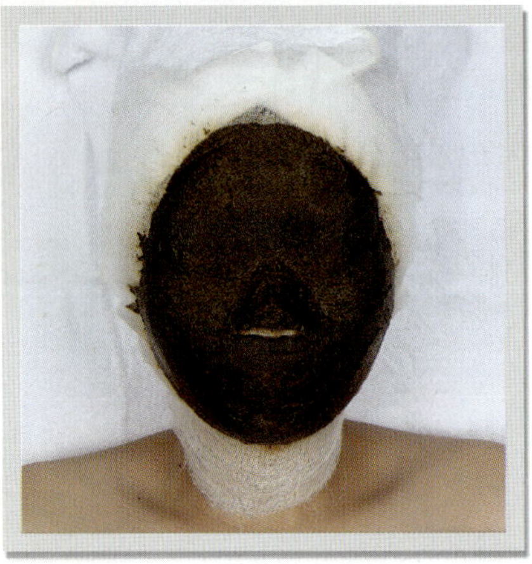

① 특징

- 한방팩은 식용 가능한 한방제를 가공하여 팩제로 사용하며, 종류가 다양하고 재료에 따라 각각의 효능이 다르다.
- 한방팩에는 피부에 좋은 비타민 성분을 다량 함유하고 있어 피부 탄력과 보습작용을 촉진한다.
- 멜라닌 색소의 과다생성을 억제하고 맑고 투명한 피부로 가꾸어 준다.
- 피부노화를 지연시키고 자외선으로부터 피부를 보호해 준다.
- 인공향이나 방부제가 없기 때문에 피부에 자극을 주지 않는다.

② 유의사항

- 방부제를 첨가하지 않으므로 사용할 수 있는 분량만 만들어 사용한다.
- 만들어서 남은 분량은 냉장고에 넣어 보관하고 되도록 빠른 시일 내에 사용하도록 한다.
- 팩 재료는 2가지 이상 혼용하지 않도록 하며 꿀, 우유, 요쿠르트 등을 섞어 묽기를 조정하여 사용한다.
- 도포 시에는 반드시 아이패드와 립패드를 하여야 하며, 거즈를 사용하여 제거 시 용이하도록 해야 한다.

③ 팩 적용 및 제거하기

- 모든 한방팩 재료는 곱게 갈아 덩어리가 없도록 꿀, 우유, 요쿠르트 등을 섞어 흘러내리지 않을 정도의 묽기로 준비한다.
- 꿀은 비타민을 많이 함유하고 있어 피부영양 공급에 효과적이므로 모든 피부에 사용할 수 있으며, 요쿠르트는 산성의 성분을 다량 함유하고 있어 지성피부의 각질 제어에 효과적이며, 우유는 단백질과 지방을 함유하고 있어 건성 피부에 효과적이다.
- 준비된 한방팩 재료를 얼굴에 아이패드와 립패드를 올린 후 물에 적신 거즈를 꼭 짜서 얼굴 전체에 덮고 개어 둔 팩제를 스파츌라를 이용하여 얇게 펴 바른 후, 15~20분 경과 후 거즈와 함께 제거한 후 해면으로 가볍게 닦아내고 냉 · 습포 후 마무리한다.

④ 종류

맥반석

:: 노폐물 제거, 피부진정 효과, 모공수축 효과가 있다.

:: 미네랄 용출, pH조절, 각질 제거, 클렌징과 필링, 여드름 완화에 효과가 있다.

:: 인체의 유해한 성분들을 분해시켜주는 작용을 한다.

애엽

:: 비타민 철분, 인 등 현대인의 식생활에 섭취하기 어려운 성분이 많이 포함되어 있다.

:: 테트라코사놀, 시토시테놀 등이 들어있어 항균작용이 뛰어나고, 기미나 미백에 효과가 있다.

:: 해독작용과 살균작용, 혈액순환촉진, 약한 염증에 효과가 있다.

:: 진정작용, 살균, 소염작용이 있으며, 모든 피부에 적용이 가능하다.

토사자

:: 메과꽃에 딸린 한해살이의 기생식물인 세삼의 씨를 말한다.

:: 기미, 주근깨, 검버섯피부, 피부노화방지, 잔주름제거, 잡티제거, 색소침착에 효과가 있다.

당귀

:: 미나리과의 참당나귀의 뿌리이며 다년생 초본이다.

:: 혈액순환촉진, 모세혈관 탄력 강화, 노화예방, 피부 조직재생, 잔주름, 탄력에 좋다.

:: 해독작용이 있어 화장독 같은 피부 트러블을 해소 한다.

감초

- 콩과에 속하는 다년생 초본이다.
- 색소제거 효과, 티로시나아제 억제제로 작용하는 능력으로 인해 멜라닌 합성을 억제하는 효과가 있다.
- 감초 추출물은 코직산보다 더 효과가 있으며 아스코르빈산보다 75배 더 효과적이다.
- 주요성분은 글리치르리린이다.
- 항균작용, 피부를 윤택하게 하고, 소염 및 진정작용, 소화기능의 조정작용, 알러지성 피부의 해독작용을 한다.
- 모공수축, 세포재생, 노화 피부, 기미, 여드름 피부 등에 특히 효과적이다.
- 알러지 피부에도 사용이 가능하다.

진피

- 휴발성분(주성분: Linonene)이 소염작용을 가지고 있다.
- 우수한 식품이며 소화도 잘되는 식품이다.
- 피부탄력, 기미, 주근깨, 항염, 살균작용, 피부염, 수렴 효과, 여드름 개선 효과가 있다.

녹두

- 비타민 B와 니코틴산, 칼슘, 인 등 미네랄 성분을 함유하고 있다.
- 해독작용과 진정작용이 강하고 색소침착을 방지하여 미백작용에도 효과가 있다.
- 주성분은 단백질, 지방, 탄수화물, 화분 등이다.
- 차가운 성질로 해열, 해독작용이 있으며, 표백작용, 살균작용, 독소 제거, 홍반진정, 여드름자국, 각질, 피지 제거에 효과가 있다.

박하

:: 주성분은 멘톨이며, 피부진정 및 해독작용, 청량감, 소양증, 수렴 효과가 있다.

:: 피부를 신선하게 자극시켜주며, 냉각 효과와 상쾌함이 느껴지며 혈액순환을 촉진시킨다.

:: 향기 자체에 살균 효과가 있으며, 가려움증을 소시킨다.

구기자

:: 세포의 노화를 방지한다.

:: 예민한 피부, 모세혈관확장 피부에 적용이 가능하다. 혈관벽을 튼튼히 해준다.

행인

:: 살구씨이다.

:: 기미완화, 미백작용, 피부재생, 배농작용(부종완화), 보습, 노화방지, 혈액순환촉진에 효과가 있다.

:: 자외선에 그을린 피부의 재생 효과, 피부탄력에 효과가 있다.

:: 민감성 피부는 사용할 때 주의해야 한다.

송진

:: 새살을 돋게 하고 아픔을 멈추게 하며, 살균성이 매우 강하다.

:: 소나무 껍질에 상처를 내어 흘러내린 송진을 물에 넣고 끓여 천에 걸러서 찬물에 넣은 후 엉킨 덩어리를 그늘에 말려 가루를 낸 것을 미용재료로 쓴다.

:: 송진의 정유성분이 피부 자극작용, 억균작용, 염증을 없애는 작용을 해서 습진, 데인 곳, 옴 등 외용약으로도 쓰인다.

:: 피부재생 효과(화상, 여드름자국)와 모공수축, 화농성여드름에 좋다.

백복령

:: 잘라낸 소나무의 땅속 뿌리에 기생하는 백색 혹은 회백색의 균핵 덩어리이다.

:: 다당류, 유기산, 레시틴, 무기질 등을 함유하고 있다.

:: 피부에 스며들어 멜라닌 색소를 분해하여 원상태로 돌려주는 역할을 한다.

:: 기미완화, 노화방지, 수분대사 원활, 미백 효과, 혈액순환 촉진에 효과가 있다.

녹차

:: 고혈압, 당뇨 등 성인병 예방과 다이어트에도 효과가 있다.

:: 살균작용, 항 프리라디칼 작용이 있다.

율피

:: 탄닌 성분이 있어 모공수축, 미백작용, 노화방지, 피부를 탄력있게 가꿔준다.

민들레

:: 모세혈관을 건강하게 하고, 염증, 부종완화, 노폐물 제거, 혈관 강화에 효과가 있다.

:: 여러 종류의 비타민과 사포닌 성분이 들어 있어서 붉은 피부에 특히 효과적이다.

율무(의이인)

:: 비타민 E와 단백질의 함유량이 많다.

:: 효소의 활동도 강해 세포에 활력을 주고 노폐물 배출에 도움을 준다.

:: 보습, 각질 제거, 윤기, 노화예방, 색소침착 방지, 여드름 완화, 탄력, 건성 피부에 좋다.

인삼

:: 노화를 억제하고, 피부활성을 촉진하여 여드름, 기미, 무좀 등에 탁월한 효능이 있다.

크림팩cream park

① 특징

- 크림형태로 피부에 도포하기가 용이하다.
- 화장품회사에서 여러 가지 효능별 제품이 출시되고 있으며, 피부타입별 또는 부위별로 구분하여 사용이 가능하다.

② 팩 적용 및 제거하기

- 팩 브러시를 이용하여 일정한 두께로 신속하게 도포하여야 한다.
- 도포 시에 안쪽에서 바깥방향으로 아래에서 위쪽으로 피부결을 따라 도포한 후 립패드와 아이패드를 올려준다.
- 크림팩 도포 후 15~20분 정도 경과하면 해면으로 가볍게 닦아내고 냉습포 후 마무리한다.

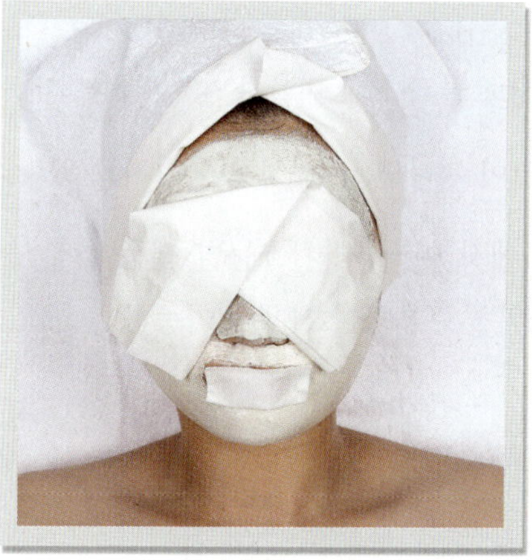

시트팩sheet park

① 특징

- 시트형태로 피부에 도포하기가 용이하다.
- 화장품회사에서 여러 가지 효능별 제품이 출시되고 있으며, 피부타입별에 따라 사용이 가능하다.

② 팩 적용 및 제거하기

- 얼굴을 화장수로 정리 한 후 시트에 에센스를 고루 묻혀 얼굴에 펴 바른다.
- 도포 후 15~20분 경과하면 떼어내고 마무리한다.

모델링 마스크modeling mask

① 특징

- 파우더 형태로 물과 1:1 비율로 섞어 사용한다.
- 일정한 시간이 지나면 굳는 성질을 가지고 있다.
- 화장품회사에서 여러 가지 효능별 제품이 출시되고 있으며, 피부타입별 또는 부위별 구분하여 사용이 가능하다.

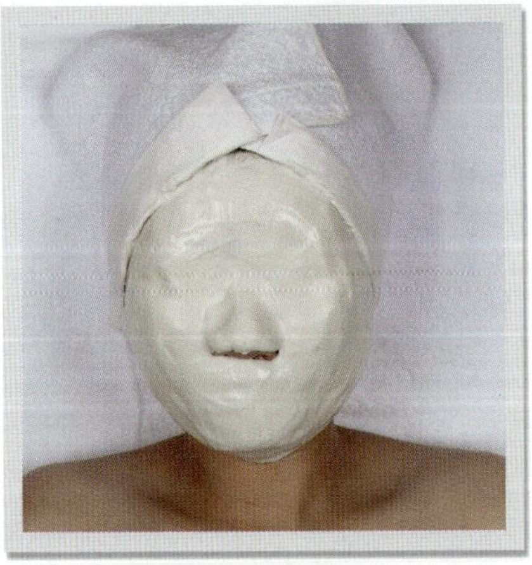

② 유의사항

- 너무 묽게 되면 도포 시에 흘러내리고, 걸쭉하면 빨리 굳어 버리므로 적당한 묽기를 잘 조절하여야 한다.
- 귀가 나와 있으면 귀 안에 흘러 들어갈 수 있으므로 귀를 막고 도포한다.
- 머리카락이나 베드에 떨어졌을 경우 굳은 후에 제거하면 된다.

③ 팩 적용 및 제거하기

- 스파츌라를 이용하여 일정한 두께로 신속하게 도포하여야 한다.
- 도포 시에 안쪽에서 바깥방향으로, 아래에서 위쪽으로 피부결에 따라 얼굴 전체에 도포한다.
- 일반적 아이패드와 립패드를 하지 않고 바로 팩제를 도포하지만 경우에 따라서 패드를 올릴 수 있다.
- 도포 후 15~20분 정도 경과하면 해면으로 가볍게 닦아내고 냉 습포 후 마무리한다.

석고 마스크gypsum, plaster mask

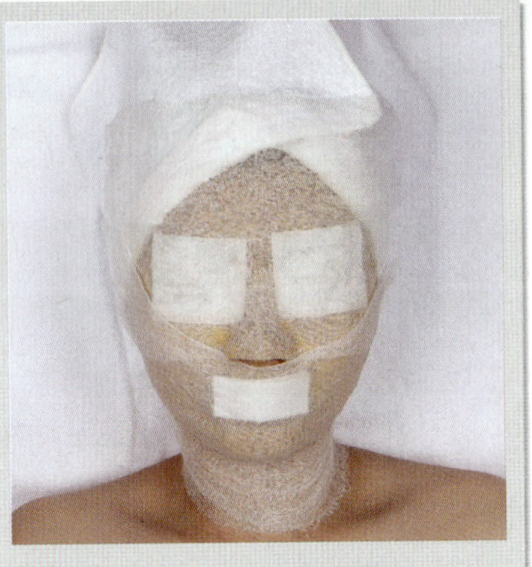

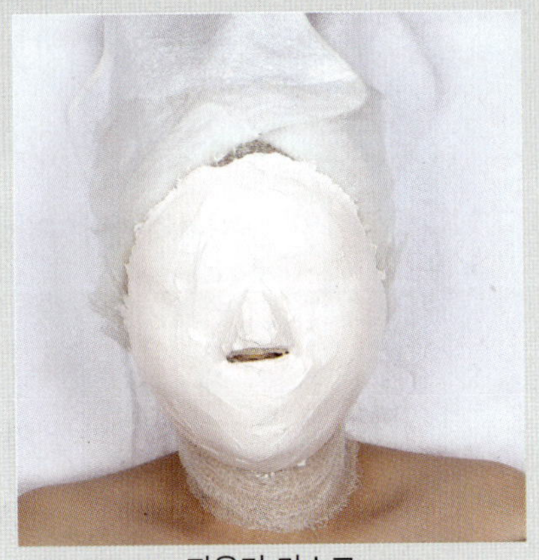

파우더 마스크

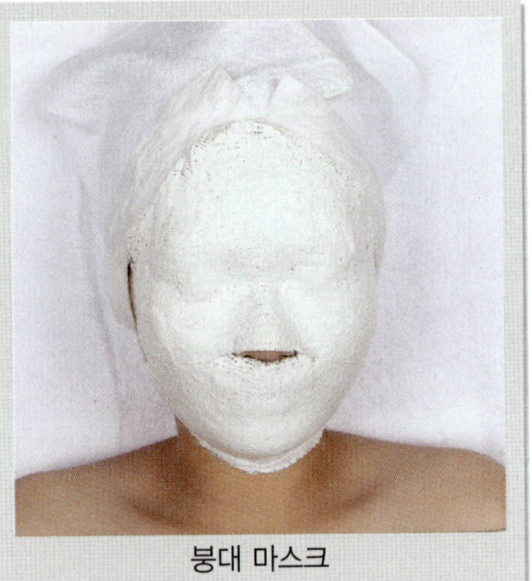

붕대 마스크

① 특징

- 파우더와 붕대 형태로 파우더는 물과 2:1의 비율로 섞어 사용하고 붕대는 물에 적셔 사용한다.
- 일정한 시간이 지나면 열을 발생하면서 굳는 성질을 가지고 있다.
- 화장품회사에서 여러 가지 효능별 제품이 출시되고 있으며, 피부타입별 또는 부위별로 구분하여 사용이 가능하다.

② 유의사항

- 너무 묽게 되면 도포 시에 흘러내리고, 걸쭉하면 빨리 굳어 버리므로 적당한 묽기를 잘 조절하여야 한다.
- 귀가 나와 있으면 귀 안에 흘러 들어갈 수 있으므로 귀를 막고 도포한다.
- 머리카락이나 베드에 떨어졌을 경우 굳은 후에 제거하면 된다.
- 너무 얇게 바르면 열이 생성되지 않고 두꺼우면 열이 많이 발생되므로 일정한 두께로 도포하여야 한다.

③ 팩 적용 및 제거하기

- 립패드와 아이패드를 올리고 젖은 거즈를 안면에 덮은 후 0.8~1cm 정도의 두께로 도포한다.
- 스파츌라를 이용하여 일정한 두께로 신속하게 도포하여야 한다.
- 도포 시에 안쪽에서 바깥방향으로 아래에서 위쪽으로 피부결에 따라 얼굴 전체에 도포한다.
- 열이 식으면 고객에게 안면 근육을 움직이게 하여 자연스럽게 마스크를 제거한다.
- 도포 후 15~20분 정도 경과하면 해면으로 가볍게 닦아내고 냉 습포 후 마무리한다.

벨벳 마스크 velvet mask

① 특징

- 시트형태로 특수 냉동하여 건조시킨 천연콜라겐이 주성분인 마스크이다.
- 세포 재생과 탄력, 보습 효과가 좋으며 고가의 제품 중의 하나이다.

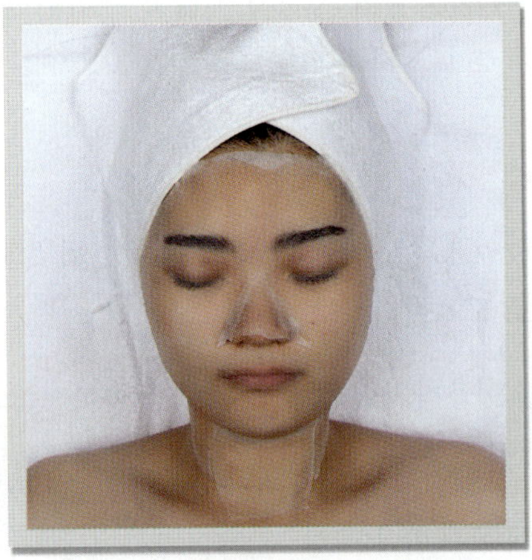

② 팩 적용 및 제거하기

- 안면을 화장수로 정리한 후 피부를 보송하게 해 준다.
- 한 장의 시트형태이므로 안면 형태에 맞게 잘라서 준비한다.
- 솔루션이나 정제수를 준비하여 피부에 밀착시킨다. 이때 공기방울이 생기지 않도록 유의하여야 한다.
- 도포 후 15~20분 정도 경과하면 떼어 내고 닦아내지 않고 그대로 흡수시킨 후 마무리한다.

왁스 마스크 wax mask

① 특징

- 가열기로 고체상태의 왁스를 녹여 사용하며 45~55℃ 사이에서 사용하도록 한다.
- 전용 팩 브러시를 사용하여 빠른시간에 신속하게 도포하여야 한다.

② 유의사항

- 가열기를 사용하여 적정온도를 유지하도록 하여야 한다.
- 고객에 따라 뜨거움을 느끼는 정도가 다르므로 반드시 도포 전에 온도가 적당한가 테스트하여야 한다.

③ 마스크 적용 및 제거하기

- 립패드와 아이패드를 올리고 젖은 거즈를 얼굴에 덮은 후 신속하게 4~5회 덧발라 준다.
- 전용 팩 브러시를 이용하여 일정한 두께로 신속하게 도포한다.
- 도포 시에 안쪽에서 바깥방향으로, 아래에서 위쪽으로 피부결에 따라 얼굴 전체에 도포한다.
- 눈부위와 입 부위는 도포를 하지 않는다.
- 열이 식으면 고객에게 안면근육을 움직이게 하여 자연스럽게 마스크를 제거하여야 한다.
- 왁스 도포 후 15~20분 정도 경과하면 해면으로 가볍게 닦아내고 냉 습포 후 마무리한다.

기타

① **산소팩**O_2 park: 산소(O_2) 팩으로 피부에 도포하면 산소가 일어나 각질제거와 노폐물 제거와 함께 피부를 맑고 깨끗하게 해 주는 기능이 있다.

② **버블팩**bubble park: 제품을 피부에 도포하면 거품이 일어나면서 각질 제거와 모공의 노폐물을 제거하고 보습위주로 관리할 수 있는 팩이다.

CHAPTER 7

마무리

1 마무리 제품 및 방법

1 마무리 제품 및 방법

단원별 핵심 포인트 및 교육목표

- 관리 마무리를 위한 피부타입별 제품을 선택할 수 있다.
- 피부타입별 제품을 선정하여 순서에 맞게 도포할 수 있다.

훼이셜관리의 마무리는 피부타입별 제품을 선정하여 많은 양을 사용하지 않고 가볍게 발라준다. 마무리 시에 사용하는 제품은 매뉴얼테크닉과 팩을 한 피부에 지속적인 영양을 주고 피부를 보호할 수 있는 기능이 있으며, 화장수 → 아이크림 → 에센스(앰플, 세럼) → 영양크림 → 보호크림 순으로 마무리한다.

화장수 skin lotion

피부타입별로 화장수를 선택하여 가볍게 적은 솜에 묻혀 닦아 내듯이 피부결을 정돈한다. 요즈음은 모든 피부에 사용하는 화장수를 일반적으로 사용한다.

화장수는 피부결도 정돈하지만 남아있는 앞서 관리한 매뉴얼 제품이나 팩제의 잔여물을 제거하는 기능을 함께 한다.

종류

- **유연화장수:** 보습기능과 피부를 부드럽게 하는 기능이 있다. 스킨로션(skin lotion), 스킨 소프너(skin softner)가 일반적인 명칭이다.
- **수렴화장수:** 보습기능과 모공 수축, 피부탄력을 목적으로 사용한다. 일반적으로 아스트린젠트 스킨(astringent skin), 스킨토너(skin toner), 토닉(tonic), 토닉로션(tonic lotion)이라 한다.

- **진정화장수:** 민감성 피부의 붉어지는 증상을 완화시키며 피부를 맑고 깨끗하게 한다. 수딩 로션(soothing lotion), 스킨 프레쉬너(skin freshner)가 있다.

아이크림 eye cream

아이크림은 잔주름 제거와 탄력, 영양을 위한 크림 타입과 젤 타입이 있다.

종류

안티 링클(anti-wrinkle), 아이 케어(eye care)가 일반적인 명칭이다.

에센스 essence

에센스(essence)는 앰플(ampule), 세럼(serum)과 함께 불리워진다. 고농축 영양액으로 피부타입별로 사용하여야 하며, 피부에 도포할 때는 제품의 특성에 따라 차이는 있지만 대부분 문지르지 않고 두드려서 제품이 피부에 남아 있지 않도록 흡수시킨다.

종류

- **보습 에센스:** 보습을 위주로 한 에센스로 하이드레팅(hydrating), 모이스처라이징(moisturizing), 히아루로릭(hyaluronic)이라 한다.
- **미백 에센스:** 칙칙한 피부를 맑고 투명하게 만드는 기능을 가진 제품으로 화이트닝(whitening), 브라이트닝(brightening), 라이트닝(lightening)이 일반적인 명칭이다.
- **탄력 에센스:** 잔주름과 처진 피부에 탄력을 주고 탱탱하게 만드는 기능으로 리프팅(lifting), 퍼밍(firming), 콜라겐(collagen)으로 칭한다.
- **재생 에센스:** 항산화기능과 함께 세포활성화를 원활하게 하여 각화주기를 안티에이징(anti aging), 리바이탈(revital), 리쥬베네이션(rejuvenation)을 일반적으로 사용한다.

- **진정 에센스:** 민감 피부나 여드름관리 후 사용하는 제품으로 센스티브(sensitive), 수딩(soothing), 아쥴렌(azulen)이 일반적이다.
- **청정 에센스:** 지성피부나 여드름 관리 후 사용한다. 일반적으로 퓨리파잉(furifying)이라 한다.

영양크림 nourishing cream

영양크림은 에센스와 함께 같은 기능을 하여 피부관리 후 지속적인 세포 활성화를 유도할 수 있도록 도움을 준다. 적은 양을 스파츌라로 덜어 얼굴 전체에 골고루 도포한다.

종류

- **보습 영양크림:** 보습을 위주로 한 크림 타입으로 하이드레팅(hydrating), 모이스처라이징(moisturizing), 히아루로릭(hyaluronic)이 있다.
- **미백 영양크림:** 칙칙한 피부를 맑고 투명하게 만드는 기능을 가진 제품으로 화이트닝(whitening), 브라이트닝(brightening), 라이트닝(lightening), 에몰리엔트(emollient)라 한다.
- **탄력 영양크림:** 잔주름과 처진 피부에 탄력을 주고 탱탱하게 만드는 기능으로 리프팅(lifting), 퍼밍(firming), 콜라겐(collagen)이라 한다.
- **재생 영양크림:** 항산화기능과 함께 세포의 활성화를 각화주기가 원활하게 할 수 있도록 도와 피부를 맑고 투명하게 하여 안티에이징(Anti Aging), 리바이탈(revital), 리쥬베네이션(rejuvenation), 레티놀(retinil)을 일반적으로 사용한다.

보호크림 protective cream

마무리 시에 마지막에 사용하는 제품으로 저녁이나 밤에는 사용을 하지 않아도 된다. 그러나 낮에는 필수적으로 도포하여 피부를 보호할 수 있도록 하여야 한다. 너무 두텁지 않게 도포하여 관리 후의 피부를 보호할 수 있어야 한다.

종류

- **자외선 차단제:** 자외선을 차단하여 피부를 보호하며 보통 선 크림(sun cream), 선 블럭(sun block)이 일반적이다.

- **피부톤 마무리 크림:** 관리 후 깨끗하고 맑게 된 피부톤을 유지하고 피부의 결점을 커버할 수 있도록 한다. 대체로 BB크림, CC크림, 블리미쉬 밤(blemish balm)이라 한다.

CHAPTER 8

피부 유형별 관리방법

1 정상 피부

2 건성 피부

3 지성 피부

4 복합성 피부

5 민감성 피부

6 문제성 피부

단원별 핵심 포인트 및 교육목표

- 피부관리는 견진(시진), 촉진, 문진 또는 확대경, 피부분석기 등을 활용하여 대상자의 피부상태를 진단하고 그 유형에 맞는 케어를 할 수 있어야 한다.
- 피부는 유전적인 요인을 비롯하여 기후나 온도, 건강상태, 생활습관 등에 의하여 변화될 수 있으므로 피부관리 전에 정확한 분석을 할 수 있어야 한다.
- 홈케어 제품을 선별하여 정확하게 권장할 수 있어야 하고 식생활 및 기호식품의 섭취 등 피부개선을 돕는 생활습관에 대하여 조언할 수 있어야 한다.

1 정상 피부normal skin

① 특징 및 관리목적

정상 피부는 T존, U존, 목부위의 피지와 땀의 분비기능이 원활하며 가장 건강하고 이상적인 피부로 볼 수 있다. 따라서 현재의 유 · 수분이 적당한 피부상태를 유지함을 목적으로 한다.

② 관리방법

관리 분류	정상 피부의 관리방법 및 주의사항
관리 포인트	• 정상 피부는 가장 이상적인 피부이지만 건강악화나 잘못된 피부관리법으로 인하여 문제가 생길수도 있으므로 꾸준한 피부관리를 통해 현재의 피부상태를 유지하는 것이 포인트이다.
클렌징	• 모든 타입의 클렌징 제품을 사용할 수 있으며 세안 시 미지근한 물을 이용하여 메이크업과 피부 노폐물을 제거한다.
화장수	• pH 밸런스를 맞춰줄 수 있는 유연화장수를 사용한다.
딥 클렌징	• 효소, 고마쥐, AHA, 스크럽 등 모든 타입의 딥 클렌징 사용이 가능하지만 너무 무리한 각질 제거는 금물이다. • 주 1회 정도의 딥 클렌징 사용이 적당하다.
마사지	• 적당한 압력과 속도로 5가지 기법을 활용하여 15~20분 정도의 테크닉이 적당하다. • 모든 유형의 마사지크림을 사용할 수 있다.
팩 · 마스크	• 크림팩, 석고팩, 고무팩 등 모두 사용할 수 있다.
마무리	• pH밸런스 스킨/에센스/보습크림 등을 사용하고 낮에는 반드시 자외선 차단제를 발라준다.
홈케어 조언	• 5대 영양소를 골고루 섭취하며 자외선 차단제를 반드시 바른다. • 규칙적인 식생활과 충분한 수면을 취한다.

2 건성 피부dry skin

① 특징 및 관리목적

건성 피부는 내적, 외적 요인에 의해 피부의 저항력이 약하고 잔주름이 생기기 쉽다. T존, U존, 목부위의 피부가 모두 건조하여 당기는 느낌을 받으며 모공이 촘촘하다. 따라서 규칙적인 식습관과 고른 영양섭취를 하는 것이 필요하며 세안 시 더운 물보다는 미지근한 물이나 찬물을 사용한다.

또한 피부표면의 보습과 영양의 균형을 유지할 수 있도록 보습제와 Oil 타입의 화장품을 사용하여 피부의 건조함과 잔주름의 개선을 목적으로 관리한다.

② 관리방법

관리 분류	건성 피부의 관리방법 및 주의사항
관리 포인트	• 건성 피부는 각질이 얇고 잘 붉어지며 수분이 부족한 피부이다. 따라서 너무 강한 자극은 피하는 것이 좋다.
클렌징	• 밀크타입이나 오일타입의 클렌징 제품을 사용하여 메이크업과 피부 노폐물을 제거한다. • 알칼리성 비누 사용은 피하고 세안 시 찬물로 마무리 한다.
화장수	• pH 밸런스를 맞춰줄 수 있는 유연화장수를 사용한다.
딥 클렌징	• 각질층이 얇으므로 딥 클렌징의 사용은 최대한 자제한다. • 각질 때문에 피부가 지저분해 보일 때는 유분이 많은 영양크림 팩으로 각질을 정리하는 것도 좋은 방법이다.
마사지	• 건조한 피부는 쉽게 예민해지므로 마사지의 속도는 천천히 시행한다. 이때 호호바오일을 첨부하여 사용하면 피부가 훨씬 촉촉해진다.
팩 · 마스크	• 콜라겐 벨벳마스크, 각종 보습제가 함유된 시트용지, 석고팩 등이 효과적이다. • 석고팩을 올려주기 전에는 영양성분이 풍부한 베이스 크림을 두껍게 발라놓고 석고팩을 실시하면 효과적이다.
마무리	• 보습 스킨/에센스/영양크림 등을 사용하고 낮에는 빈드시 자외선 차단제를 발라준다.
홈케어	• 해조류 섭취는 피지분비 촉진에 도움이 되므로 미역국, 다시마 등의 해조류 섭취를 권장한다. • 건성피부는 피부 각질층이 얇으므로 딥 클렌징 사용은 월 2회 정도만 사용한다. 홈 케어 시 보습용 기초화장품을 철저히 사용한다. • 일광욕, 잦은 사우나 등은 피부가 건조해지는 요인이 되므로 가능한 피하고 아침, 저녁으로 눈가에는 아이크림을 꼭 발라준다.

3 지성 피부 oily skin

① 특징 및 관리목적

과다한 피지분비로 인하여 피부표면이 번들거리고 모공이 확장되어 있다. 코, 턱 주변에 블랙헤드가 많이 분포되어 있으며 여드름이 발생하기 쉬운 피부이다. 그러나 다른 피부타입에 비하여 잔주름은 잘 생기지 않는다. 사춘기나 여름철에는 철저한 세안으로 피부를 청결하게 유지하는 것이 포인트이다.

② 관리방법

관리 분류	지성 피부의 관리방법 및 주의사항
관리 포인트	• 체온보다 조금 높은 온수(37~38℃)를 사용하면 피지정리에 도움이 된다. • 여드름은 무리하게 짜지 않는다.
클렌징	• 과다한 피지의 제거를 위하여 이중세안을 해주며 피부의 청결을 유지할 수 있도록 한다.
화장수	• 소염, 수렴 작용을 위하여 레몬, 유황, 사이프러스, 카모마일, 알로에 등이 함유되어있는 화장수가 적합하다. • 알코올이 함유된 화장수는 피지제거 및 모공수축에 효과적이다.
딥 클렌징	• 효소, 고마쥐, AHA, 스크럽 등 모든 타입의 딥 클렌징 사용이 가능하다. • 피지분비량이 많으므로 주 2회 정도 딥 클렌징을 사용한다.
마사지	• 트러블이 심한 피부인 경우에는 마사지는 피한다. • 피지선의 정상적인 기능을 위하여 마사지 대신 딥 클렌징을 주2회 정도 사용한다.
팩 · 마스크	• 피지를 흡착할 수 있는 머드팩, 수렴마스크가 좋다.
마무리	• 유분이 없는 수분크림을 소량 사용하고 낮에는 반드시 자외선 차단제를 발라준다.
홈케어	• 동물성 지방이나 초콜릿은 가능한 섭취를 피하고 활성산소(free radical)를 제거할 수 있는 비타민류(Vitamin A, C, E)의 섭취를 권장한다.

4 복합성 피부combination skin

① 특징 및 관리목적

복합성 피부는 나이, 심리적 스트레스 등이 원인이 되기도 하며, T존은 과다한 피지분비로 인하여 번들거리며 U존과 목부위는 건조하여 세안 후 당기는 경우가 많다. 따라서 T존은 피부정화, U존은 유 · 수분 균형의 유지를 목적으로 관리한다.

② 관리방법

관리 분류	복합성 피부의 관리방법 및 주의사항
관리 포인트	• T존에는 여드름 등의 피부트러블이 일어날 수 있고 U존은 기미가 발생할 수 있는 피부이므로 구역을 나누어서 관리한다. • T존은 피부정화를 목적으로, U존은 보습을 목적으로 관리한다.
클렌징	• 밀크타입이나 오일타입의 클렌징 제품을 사용하여 메이크업과 피부 노폐물을 제거한다.
화장수	• pH 밸런스를 맞춰줄 수 있는 유연화장수를 얼굴 전체에 사용한 후 코 주변에는 수렴화장수를 뿌려준다.
딥 클렌징	• T존부위는 주 2회 정도 사용하며 볼부위는 딥 클렌징의 사용을 최대한 피한다.
마사지	• 5가지 기법을 적절히 활용하여 15~20분 정도 마사지한다.
팩 · 마스크	• T존은 피지정리를 위하여 코팩을 사용한다. • U존은 수분 및 영양을 공급한다.
마무리	• 눈가: 아이크림을 사용한다. • U존: 콜라겐, 엘라스틴, 히아루론산 등이 함유된 영양크림을 사용한다. • T존: 수분크림을 사용한다.
홈케어	• 과로하지 않게 충분한 휴식을 취하며 야채나 과일을 적절하게 섭취한다.

5 민감성 피부 sensitive skin

① 특징 및 관리목적

민감성 피부는 유전적인 요인이나 잘못된 세안방법, 호르몬의 불균형 등, 다양한 원인으로 피부의 과각화현상(hyper keratinization)이 일어나므로 각질층의 두께가 얇으며 피부가 붉으며 가려움증을 동반하는 양상을 보인다. 스트레스나 외부자극에 의하여 악화될 수 있으며 피부의 색소침착이 쉽게 나타날 수 있다. 따라서 긴장완화, 보습, 진정위주의 케어가 필요하다.

② 관리방법

관리 분류	민감성 피부의 관리방법 및 주의사항
관리 포인트	• 예민한 피부를 가진 사람은 신경이 예민하므로 피부관리 전 라벤드 향을 코로 살짝 흡입시켜주고 관리를 시작하면 심신이 안정된다. • 강한 테크닉 및 스팀이나 석고팩 등 열을 이용한 관리는 피한다.
클렌징	• 부드러운 밀크타입의 클렌징 제품을 사용하여 메이크업과 피부 노폐물을 제거한다.
화장수	• 아줄렌, 알로에 등 진정 효과가 있는 화장수를 사용한다.
딥 클렌징	• 물리적 · 화학적 필링 모두 피한다.
마사지	• 피부 자극을 최소화 할 수 있는 림프 마사지가 가장 적합하다. • 다양한 테크닉은 피한다.
팩 · 마스크	• 영양크림을 두껍게 발라서 20분 정도 적용시킨 후 닦아내지 않고 그대로 흡수시킨다. • 젤 타입이나 크림타입의 제품이 적합하다.
마무리	• 보습 진정 성분이 들어있는 스프레이 방식의 토너가 적합하다. • 피부 각질이 얇아서 자외선 노출시 색소침착이 올 수 있으므로 반드시 자외선 차단제를 사용한다.
홈케어	• 자극성이 강한 술, 담배, 등은 피하고 우유, 계란, 녹황색채소를 많이 섭취한다. • 가벼운 운동과 비타민을 섭취한다.

6 문제성 피부

노화 피부 geroderma

① 특징 및 관리목적

피부 노화의 원인은 나이, 스트레스, 약물복용, 잘못된 다이어트, 햇빛 등 다양한 원인으로 발생한다. 특히 폐경기의 여성은 호르몬 불균형으로 인한 급격한 노화가 올 수 있다.

혈액순환의 저하와 땀샘과 피지샘의 기능저하로 인하여 건조하고 탄력성이 떨어지는 피부이다. 노화피부는 나이로 인한 생리적인 노화와 햇빛으로 인한 광노화로 구분할 수 있다. 노화피부는 표피의 각질탈락(hypo keratinization)이 늦어지므로 AHA(a-hydroxy acid), 레티놀 등으로 각질층의 각질을 제거하고 난 다음 보습제를 사용하여 피부를 촉촉하게 관리한다.

② 관리방법

관리 분류	노화 피부의 관리방법 및 주의사항
관리 포인트	• 각질의 탈락이 정상주기보다 늦어져서 주름이 생기므로 각질 제거와 영양공급 위주로 관리하면 효과적이다.
클렌징	• 아침에는 클렌징이나 비누사용을 하지 않는다. • 저녁에는 밀크타입이나 오일타입의 클렌징 제품을 사용하여 메이크업과 피부 노폐물을 제거한다.
화장수	• pH 밸런스를 맞춰줄 수 있는 보습 화장수를 사용한다.
딥 클렌징	• 효소, 고마쥐, AHA, 스크럽 등 모든 타입의 딥 클렌징 사용이 가능하다. • 주 2회 정도의 딥 클렌징 사용으로 Keratinization의 주기를 앞당겨 준다.
마사지	• 손을 이용한 마사지는 영양크림을 이용하여 20분 정도 시행한다. • 문지르기, 반죽하기, 두드리기 등을 활용한 마사지는 주름 피부에 효과적이나. • 중주파나 고주파 전류의 장비를 활용하면 리프팅 효과를 볼 수 있다.
팩 · 마스크	• 콜라겐 벨벳마스크, 석고팩, 고무 모델링 팩을 실시한다.
마무리	• 콜라겐 크림, 보호크림, 썬크림 사용으로 영양공급과 피부보호를 한다.
홈케어	• 노화피부는 피부에 적절한 자극이 필요하므로 규칙적인 마사지와 팩을 해준다. • 콜라겐이 함유된 영양크림 사용을 권장한다.

여드름 피부 acne skin

① 특징 및 관리목적

여드름은 피지선에서 과잉 분비된 피지가 피부표면으로 원활히 배출되지 못하고 모공 속에 축적되어 심한 경우에는 화농반응이 일어나며 피부구조가 파괴된다. 주로 사춘기에는 testosterone이라는 남성 성호르몬에 의하여 얼굴, 볼, 이마 등에 많이 발생하며 가슴이나 등 부위에 생기는 경우도 있다.

여드름 상태에 따라 4등급(Grade1~Grade4)으로 나누어지며 등급에 맞는 적절한 피부관리가 필요하다.

② 관리방법

관리 분류	여드름 피부의 관리방법 및 주의사항
관리 포인트	• 여드름 피부는 피지분비량이 많은 피부이지만 너무 잦은 세안이나 자극은 피부를 민감하게 할 수 있으므로 처음에는 여드름 제거와 살균, 소염 위주로 관리한다. • 어느 정도 여드름이 제거되고 피부가 안정되면 pH밸런스 유지와 보습제 사용으로 피부를 회복시킨다.
클렌징	• 과다한 피지의 제거를 위하여 이중세안을 해주며 피부의 청결을 유지할 수 있도록 한다.
화장수	• 소염, 수렴 작용을 위하여 레몬, 유황, 사이프러스, 카모마일, 알로에 등이 함유되어 있는 화장수가 있는 적합하다. • 알콜이 함유된 화장수는 피지 제거 및 모공수축에 효과적이다.
딥 클렌징	• 효소, 고마쥐, AHA, 스크럽 등 모든 타입의 딥 클렌징 사용이 가능하다. • 피지분비량이 많으므로 주 2회 정도 딥 클렌징을 사용한다.
마사지	• 트러블이 심한 피부인 경우에는 마사지는 피한다. • 피지선을 정상적인 기능을 위하여 마사지 대신 AHA성분이 함유된 팩을 주 2회 정도 사용한다.
팩 · 마스크	• 벤조일 퍼옥사이드(benzoyl peroxide), 썰파(sulfa), 살릭실릭산(salicylic acid), 글릭콜릭산(glycolic acid) 등이 함유된 팩은 피지 및 각질 제거에 효과적이므로 여드름 피부에 적합하다.
마무리	• 여드름용 크림을 소량 사용하고 낮에는 반드시 자외선 차단제를 발라준다.
홈케어	• 해조류는 피지분지를 촉진시키므로 과다 섭취는 피한다. • 저녁에는 피부 정화를 위하여 지성피부용 화장수를 솜에 충분히 적신 후 10~15분 정도 올려두었다가 수분크림으로 마무리한다.

색소침착 피부 pigmentation skin

① 특징 및 관리목적

색소침착은 피부가 태양광선에 노출되면 멜라닌색소가 증가하게 되는데, 이때 색소가 분해되지 못하고 피부에 남게 되는 것을 기미라고 한다. 특히 임신 중에는 여성호르몬(Estrogen)의 증가로 인하여 피부가 예민해져서 색소가 짙어지기도 한다.

원인과 상관없이 자외선은 기미를 짙어지게 하므로 자외선 차단을 철저히 하는 것이 중요하다.

② 관리방법

관리 분류	색소침착 피부의 관리방법 및 주의사항
관리 포인트	• 색소침착 피부는 어떤 원인을 불문하고 철저한 자외선 차단제를 사용하여 피부를 보호한다.
클렌징	• 부드러운 밀크타입의 클렌징 제품을 사용하여 메이크업과 피부 노폐물을 제거한다.
화장수	• pH 밸런스를 맞춰줄 수 있는 보습 화장수를 사용한다.
딥 클렌징	• 효소(Enzyme)를 이용하여 자극없이 각질을 제거한다.
마사지	• 이온 토포레시스를 활용하여 Vitamin C를 흡수시킨다. • 림프 드레니쥐 기법이나 마사지의 5가지 기본 기법을 활용하여 부드럽게 마사지한다.
팩 · 마스크	• 코직산, 알부틴 등 미백성분이 함유된 팩을 주 1~2회 실시한다.
마무리	• 보습 진정 성분이 들어있는 스프레이 방식의 토너가 적합하다. • 피부 각질이 얇아서 자외선 노출 시 색소침착이 올 수 있으므로 반드시 자외선 차단제를 사용한다.
홈케어	• 형광등 불빛이나 컴퓨터, TV 등도 자외선이므로 실내에서도 반드시 자외선 차단제를 발라주고 외출 시에는 모자나 양산 등을 활용하여 철저하게 자외선을 차단해주는 것이 필요하다.

[참고문헌]

강수경 외(2006). *피부관리학*. 청구문화사.

강신옥 외(2013). *뷰티살롱경영 & 트리트먼트*. 훈민사.

강영미 외(2003). *미용경영*. 청구문화사.

곽희진 외(2001). *미용과 영양*. 청구문화사.

김계숙(2013). *기초피부미용관리*. 훈민사.

김광옥 외(2003). *AESTHETICS*. 도서출판 성화.

김광옥 외(2006). *피부과학*. 청구문화사.

김광옥 외(2010). *피부미용학*. 청구문화사.

김명기 외(2012). *알기쉬운 미용경영학*. 청구문화사.

김명숙(2006). *피부관리학*. 현문사.

김석민 외(2004). *Cosmetic Deamtology*. 정담미디어.

김수진(2012). *피부미용사 실기*. 교학사.

김유정(2014). *피부미용학*. 구민사.

김윤정(2011). *기초피부관리실습(Basic skin care)*. 훈민사.

김춘자(2009). *(최신)피부미용학(Esthetic)*. 훈민사.

김희진 외(2014). *피부미용 전문인을 위한 현장실무 피부미용*. 청구문화사.

대한피부미용사회. *네일 미용사의 네일 질환에 대한 연구 및 관리*.

박명윤 외(2010). *파워푸드 슈퍼푸드*. 푸른행복.

서울대학교 의학정보. *전신 부종(generalized edema)*. 서울대학교병원.

심은경(2013). *한국과 일본의 미용제도 비교연구*. 일본문화연구 제47집 2013.

심정묘 외(2012). *림프드레나지*. 정담미디어.

윤지연(2007). *「항공사 여승무원의 외모관리 행동과 화장품 사용실태에 관한 연구」*. 숙명여대 원격 대학원 석사학위논문.

이순례 외(2008). *두피모발관리학*. 정담미디어.

이순례(2013). *한권으로 끝내는 피부미용사실기*. 교학사

임순녀 외(2014). *미용인을 위한 공중위생 관리법*. 훈민사.

전새열 외(2012). *피부미용학*. 정담미디어.

최경임 외(2011). *에스테틱 살롱트리트먼트*. 도서출판 성화.

최은정(2009). *「한국미용사 면허제도의 고찰과 국제적 조화방안」*.

하명희 외(2009). *피부미용학*. 도서출판 성화.

한국산업인력 관리공단. 국가기술자격. http://www.hrdkorea.or.kr

한국산업인력 관리공단. 국가자격종목별 상세정보. http://www.q-net.or.kr

한영숙 외(2011). *피부학*. 정담미디어.

Angelo. Dean 외(2006). *MILADY'S 고급피부학*. 군자출판사.

http://susu6367.blog.me/20206360947

Waters. J(1985) Cosmetic and the job market in the psychology of cosmetictreatments. New York: Praeger Publisher

INDEX

찾아보기

K

L

M

N

O

P

R

S

T

U

V

W

Z

기타